中信出版集团 | 北京

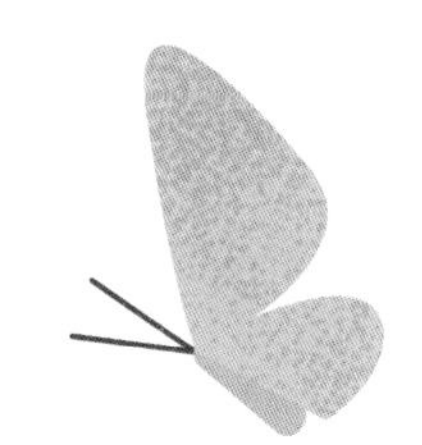

图书在版编目（CIP）数据

和昆虫学飞行 / 美丽科学著. -- 北京：中信出版社, 2020.5（2021.10重印）
（人类是怎样飞上天的？）
ISBN 978-7-5217-1565-1

Ⅰ.①和… Ⅱ.①美… Ⅲ.①昆虫学－儿童读物
Ⅳ.①Q96-49

中国版本图书馆CIP数据核字(2020)第026853号

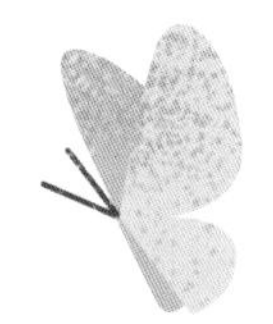

人类是怎样飞上天的？
和昆虫学飞行

著　　者：美丽科学
绘　　制：张玥　关昱轩
文　　字：高昕　杨广玉
视频拍摄：缪靖翎　梁琰　张翔
视频剪辑：关昱轩
特邀策划：陈瑶（北京夏日星文化传播有限责任公司）
科学顾问：查晨

出版发行：中信出版集团股份有限公司
（北京市朝阳区惠新东街甲4号富盛大厦2座　邮编　100029）
承 印 者：北京启航东方印刷有限公司
开　　本：889mm × 1194mm　1/16　　印　　张：3　　字　　数：60千字
版　　次：2020年5月第1版　　印　　次：2021年10月第3次印刷
审 图 号：GS（2019）6361号
书　　号：ISBN 978-7-5217-1565-1
定　　价：45.00元

出　　品：中信儿童书店
图书策划：如果童书
策划编辑：赵媛媛　李想
责任编辑：陈晓丹
营销编辑：张远

封面设计：刘潇然
版式设计：张玥
内文排版：北京沐雨轩文化传媒

服务热线：400-600-8099
投稿邮箱：author@citicpub.com

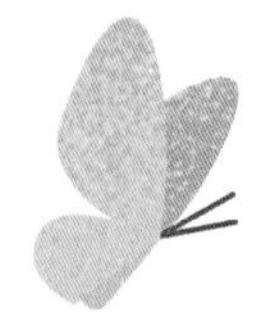

美丽科学（Beauty of Science）是一个国际化的科学教育和科学文化品牌，致力于为中小学生提供高质量的科学教育内容，其作品通过科学与艺术融合的精美影像，呵护孩子的好奇心，引导孩子发现科学之美，曾获得《人民日报》、中国科普博览、美国国家地理及 Discovery 探索频道等国内外主流媒体的高度评价。

高昕，中国科学院理化技术研究所博士，清华大学博士后。目前在美丽科学团队担任策划总监，曾策划出版多套科学绘本图书，并受邀在全国多所小学做科普报告。

张玥，自由插画师，她的插画登载在英国 *Monocle* 杂志、美国 Quanta Magazine 网站上，并被上海自然博物馆采用。您可以在 Behance、Instagram 网站上搜索 Koma Zhang，或通过 komaciel924@gmail.com 找到她。

目录

扫一扫，进入奇妙的昆虫世界！
13个由知名科普团队拍摄制作的趣味视频，
带你探索书中的科学奥秘。

1. 蜻蜓的魔法变身
2. 蚕的一生
3. 披着彩色盔甲的甲虫
4. 别过来！来自昆虫的警告
5. 藏身有术的竹节虫
6. 蝈蝈翅膀上的秘密
7. 蝉是怎样歌唱的?
8. 甲虫的鞘翅
9. 蝴蝶为什么那么美?
10. 触角像羽毛的蛾子
11. 尾巴带夹子的蠼螋
12. 花蝇有几对翅膀?
13. 巨蚊有对平衡棒

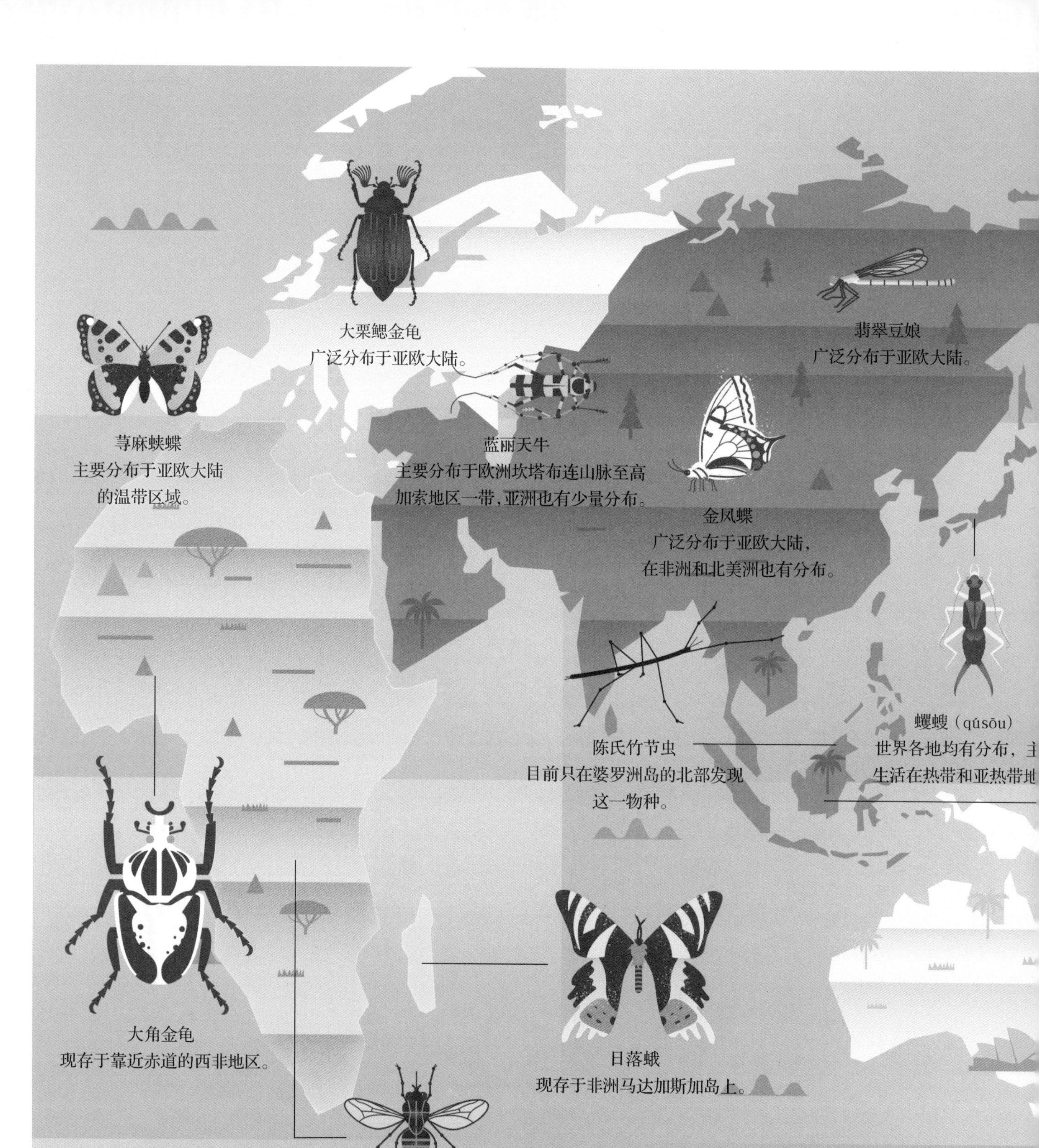

小昆虫有个大家族

不要看昆虫好像小小的，但是昆虫可是动物中最庞大的族群！目前已经发现的昆虫超过 100 万种，比其他所有种类的动物加起来都多。各种昆虫遍布全球，让我们一起认识一下这些昆虫吧。

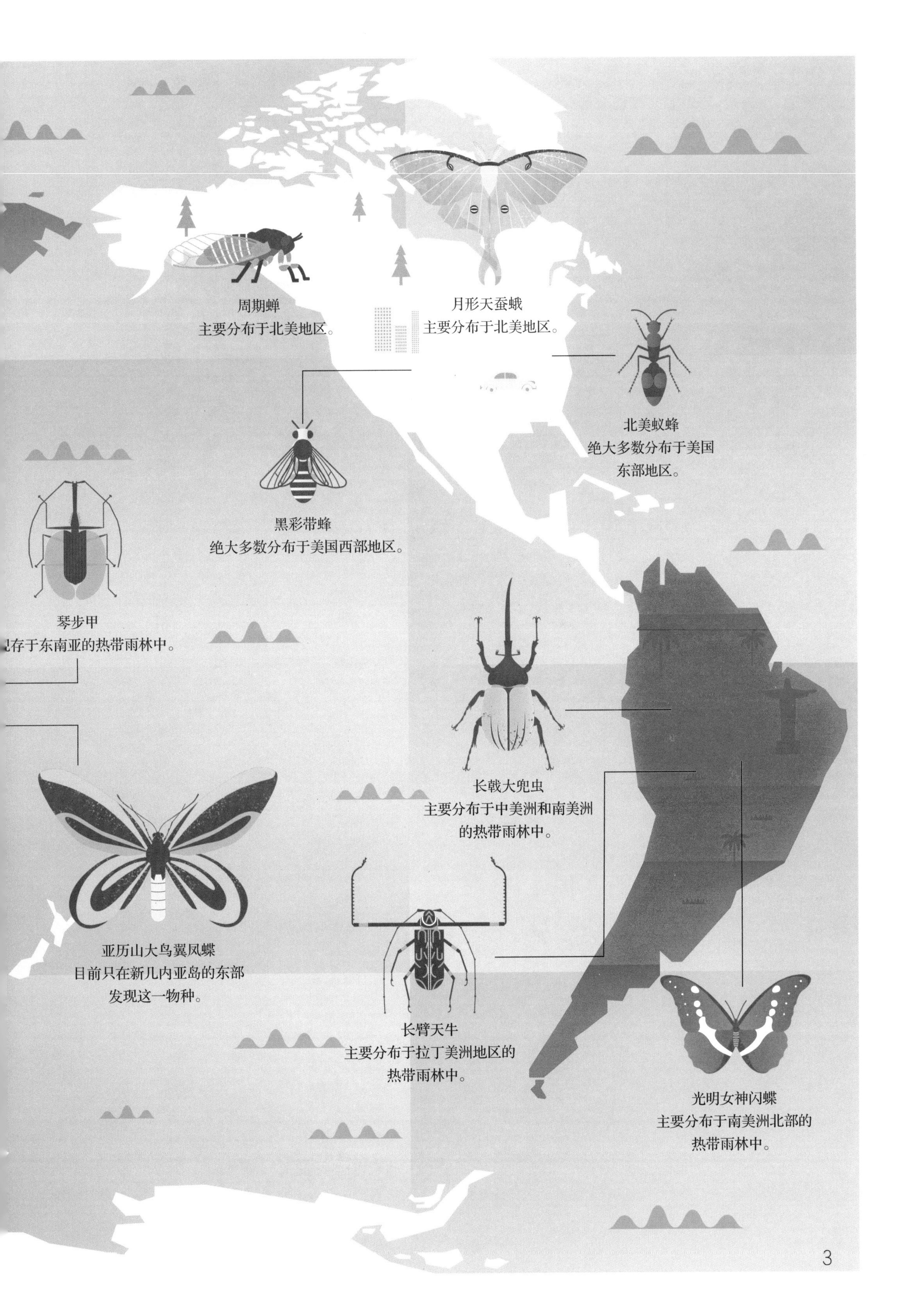
周期蝉
主要分布于北美地区。
月形天蚕蛾
主要分布于北美地区。
北美蚁蜂
绝大多数分布于美国
东部地区。
黑彩带蜂
绝大多数分布于美国西部地区。
琴步甲
存于东南亚的热带雨林中。
长戟大兜虫
主要分布于中美洲和南美洲
的热带雨林中。
亚历山大鸟翼凤蝶
目前只在新几内亚岛的东部
发现这一物种。
长臂天牛
主要分布于拉丁美洲地区的
热带雨林中。
光明女神闪蝶
主要分布于南美洲北部的
热带雨林中。

认识一下昆虫吧

昆虫成虫的身体分为头部、胸部和腹部三节，一般有两对翅膀，三对足，头上还有一对触角。让我们仔细地看一看中华大刀螳吧。

眼睛

大多数昆虫都有一对复眼。复眼由许多小眼组成。通常来说，小眼数量越多，昆虫的视力就越好。

触角

昆虫靠触角来“嗅闻”和“触摸”，就像我们的鼻子和双手。昆虫有各式各样的触角。

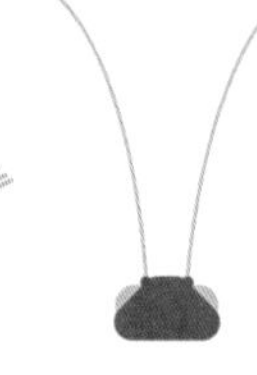

蚂蚁的膝状触角　金龟子的鳃叶状触角　蝈蝈的丝状触角

口器

昆虫的嘴巴叫作口器。吃不同东西的昆虫，口器的形状也不同。

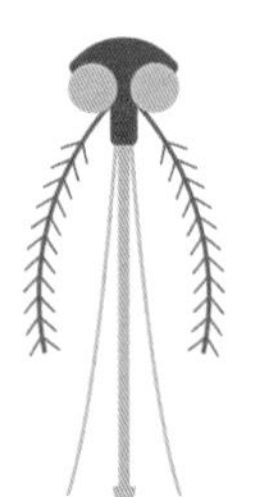

蝗虫的咀嚼式口器　蚊子的刺吸式口器

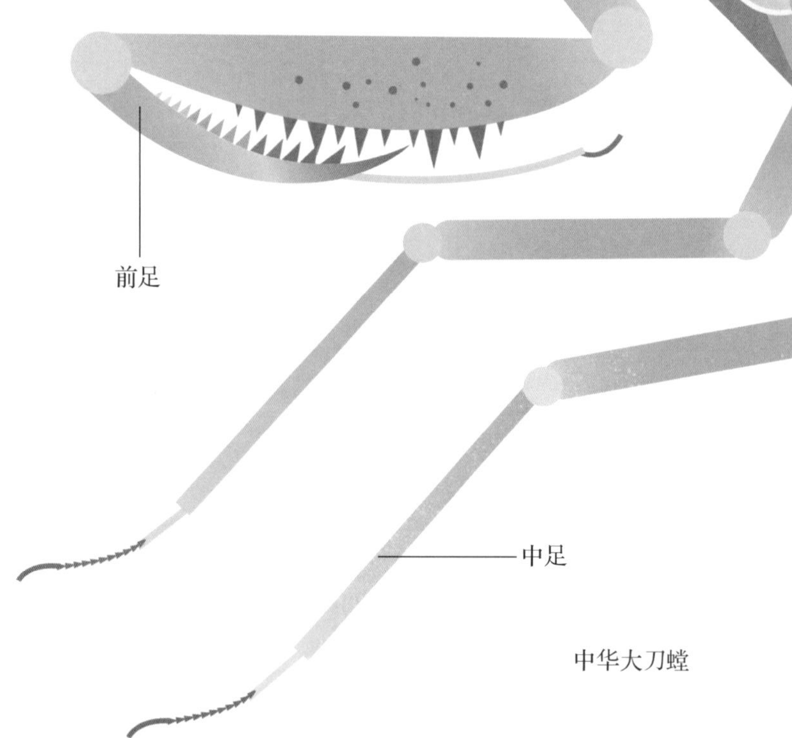

足

昆虫有三对足——前足、中足和后足，都长在胸部，主要用来走路和跳跃。为了适应生活环境，有些昆虫，比如螳螂，它们的前足变得更适合捕捉猎物。

听器

昆虫没有耳郭，却“听”得很清楚，因为它们有听器。听器就像鼓膜，稍有振动它们就能感受到。昆虫的听器生长的位置各不相同，有的长在胸部，有的长在腹部，还有的长在前足上。螳螂的听器长在胸部。

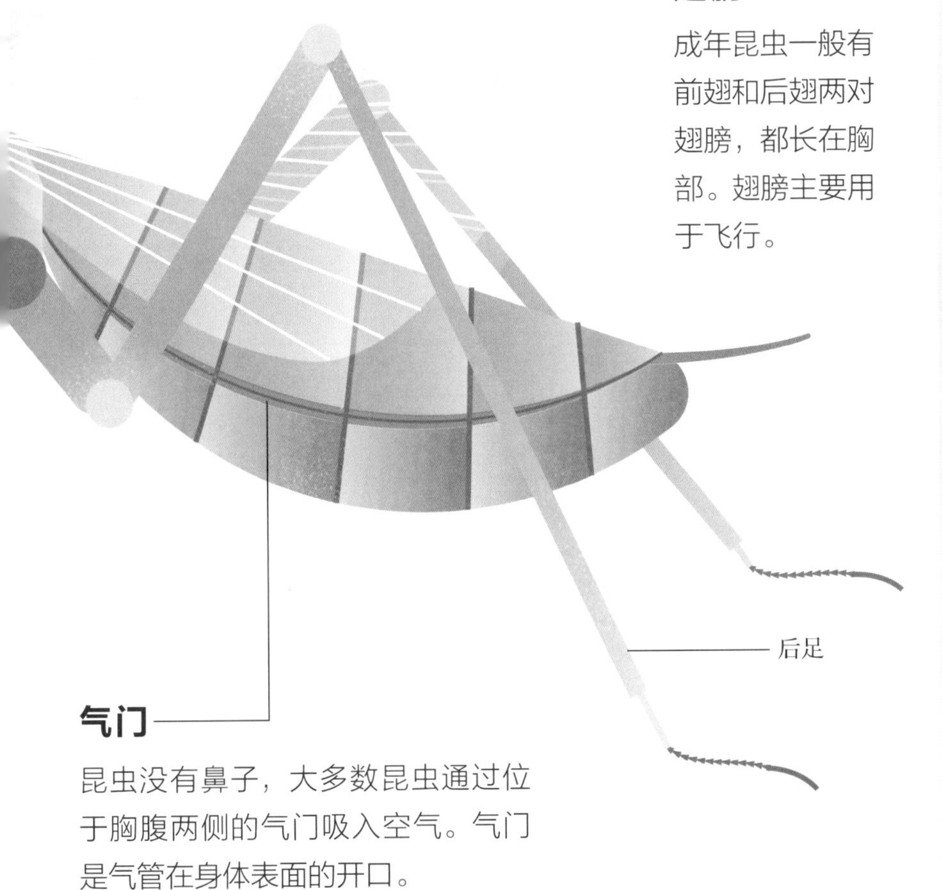

翅膀

成年昆虫一般有前翅和后翅两对翅膀，都长在胸部。翅膀主要用于飞行。

气门

昆虫没有鼻子，大多数昆虫通过位于胸腹两侧的气门吸入空气。气门是气管在身体表面的开口。

虫子就是昆虫吗？

有的虫子长着八条腿，有的虫子身体只有两节，它们都不是昆虫，像蜘蛛、蜈蚣和蝎子等。说说看，下面的动物为什么不是昆虫？

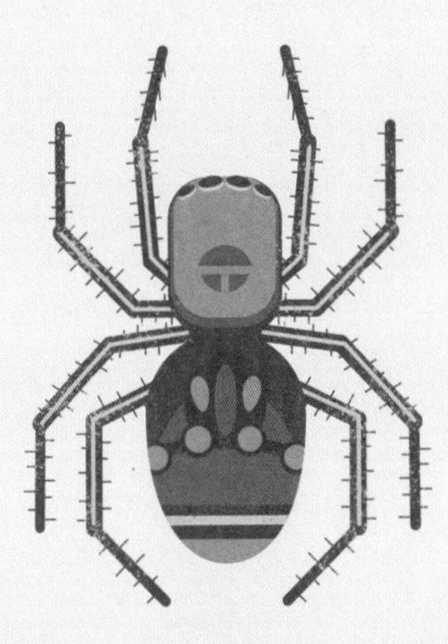

蜘蛛

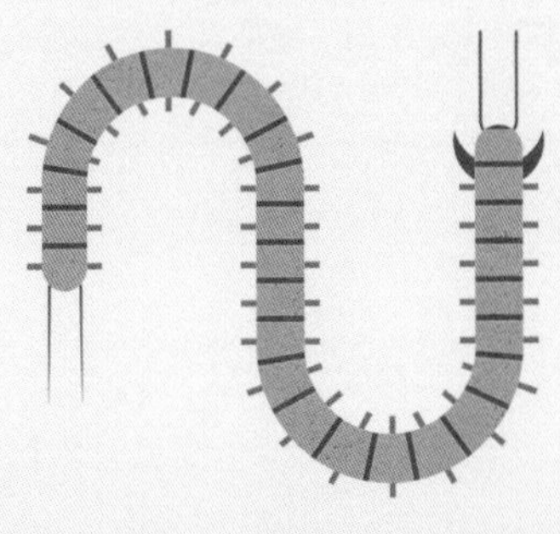

蜈蚣

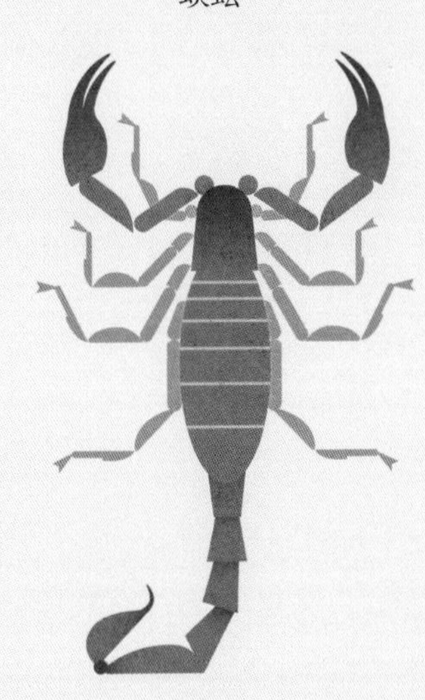

蝎子

昆虫翅膀是怎么来的？

昆虫一直都有翅膀吗？它们的翅膀是如何演化而来的呢？这些要从昆虫的出现说起。

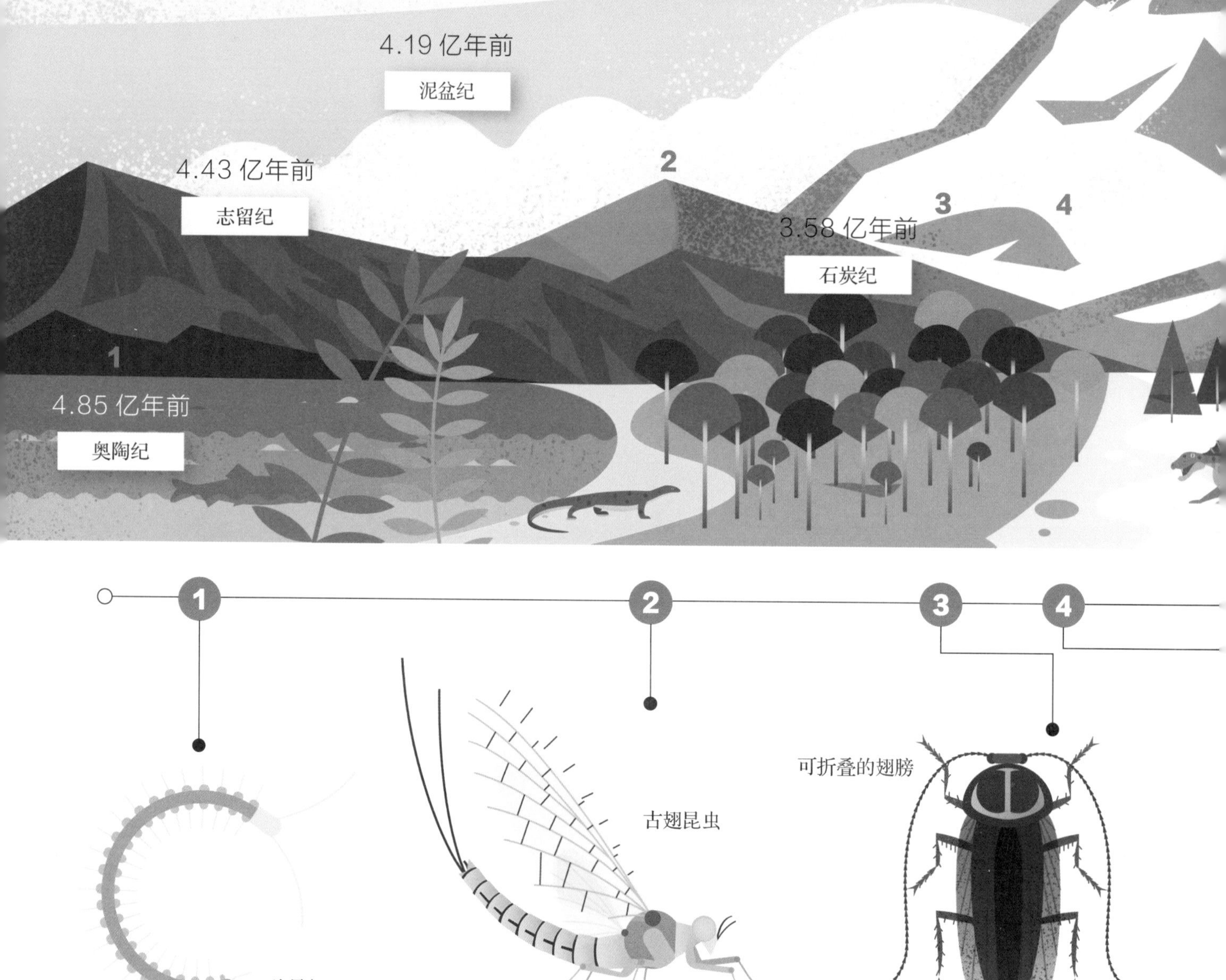

1 2 3 4

桨足纲

古翅昆虫

可折叠的翅膀

没有翅膀的昆虫祖先

昆虫大约出现于奥陶纪早期。一些水生节肢动物，比如桨足纲动物，逐渐演化，成为现代各种昆虫的祖先。不过，这些昆虫的祖先还没有翅膀。

演化出翅膀的古翅昆虫

到了石炭纪早期，一部分昆虫演化出了翅膀，这些昆虫被称为古翅昆虫。目前，古翅昆虫的后裔只剩下蜉蝣和蜻蜓。

能折叠的翅膀出现了

石炭纪晚期，一些能够折叠翅膀的昆虫出现了。折叠可以让翅膀不容易受伤，还能让昆虫行动更加灵活，扩大它们的生活范围。

5

翅膀形态更加丰富

随着时间的流逝，到了白垩纪，地球上出现了大量有花的植物，蜜蜂和蝴蝶等以花蜜为食的昆虫因此大量出现，昆虫家族迅速壮大。此时，各种类型的翅膀基本都已经出现。

蛹态

蛹态发育促进昆虫繁衍

到了石炭纪末期，在一些昆虫的发育过程中出现了蛹的形态，即蛹态。蛹态让幼虫更容易长大成“虫”，也为昆虫翅膀的演化提供了条件。

蜜蜂采蜜

昆虫是怎么长大的？

我们小时候虽然个子小，却和成人一样有手有脚。昆虫和我们不一样，它们的外形在一生中会发生很多变化，比如，很多昆虫小时候就没有翅膀。

蝴蝶的生长过程

小时候是只肉虫

有一些昆虫小时候是只肉虫，要经历“破蛹而出”的过程才会长出翅膀。这类昆虫一生要经历**卵—幼虫—蛹—成虫**四种不同形态的生长过程。蛹是其中的一个状态，是只有昆虫才有的生长阶段。

❶ **卵** 蝴蝶会产下小小的、圆形或者椭圆形的卵。

❷ **幼虫** 卵会孵化成幼虫，就是我们见到的毛毛虫。幼虫是没有翅膀的。

❸ **蛹** 幼虫在经历几次蜕皮后会化蛹。虽然蛹看起来一动不动，但里面却发生着翻天覆地的变化。幼虫的大部分身体都会变成营养物质，供体内的一小部分组织长成成虫。

❹ **成虫** 等到从蛹中出来，蝴蝶就长出翅膀啦。

小时候只有翅芽

还有一些昆虫，例如蜻蜓和蝗虫，从卵中孵化出来后，与成虫长得很像，叫作若虫。这类昆虫一生经历**卵—若虫—成虫**三个阶段。若虫也没有翅膀，只有翅芽。

若虫在生长过程中会经历多次蜕皮，最终长为成虫。在这个过程中，翅芽也会逐渐长成完整的翅膀。

为什么昆虫会蜕皮?

昆虫的身体被外骨骼包围。外骨骼就像我们的衣服，无法和我们一起长大。当昆虫长大时，它们只能通过蜕皮的方式换一件大一点儿的“衣服”。

色彩斑斓的翅膀

昆虫的翅膀色彩斑斓。从不同的角度去看一些昆虫的翅膀时，比如蝴蝶和甲虫，它们还会变换色彩。那么，昆虫翅膀的颜色是怎么来的呢？为什么有些昆虫的翅膀还会变色呢？

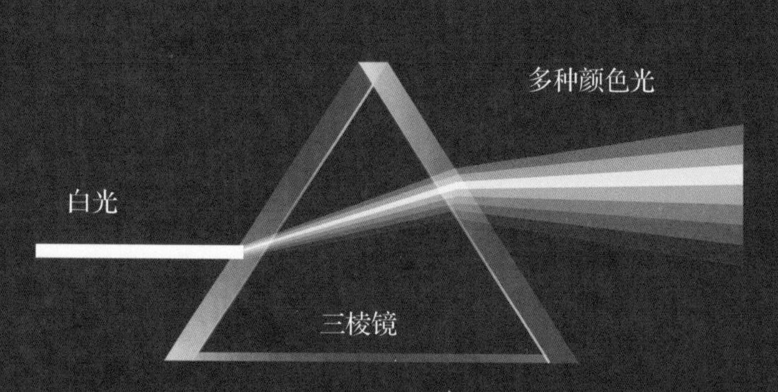

我们通常看到的没有颜色的光，叫作白光。白光由多种颜色的光组成。当白光通过三棱镜后，就被分解为不同的颜色光。

色素色：让昆虫翅膀色彩斑斓

昆虫有各种颜色的翅膀，是因为昆虫体内含有色素，并分布在身体的不同部位。不同的色素会吸收不同部分的颜色光，这样就会显现出不同的颜色。这种因色素而拥有的颜色叫作**色素色**。

结构色：让昆虫翅膀变换色彩

色素色只能让昆虫的翅膀呈现某种颜色。有时，我们从不同的角度去看某种昆虫的翅膀时，发现它的颜色发生了变化。这种因翅膀的微观结构引起光线的传播改变而形成的颜色，叫作**结构色**。

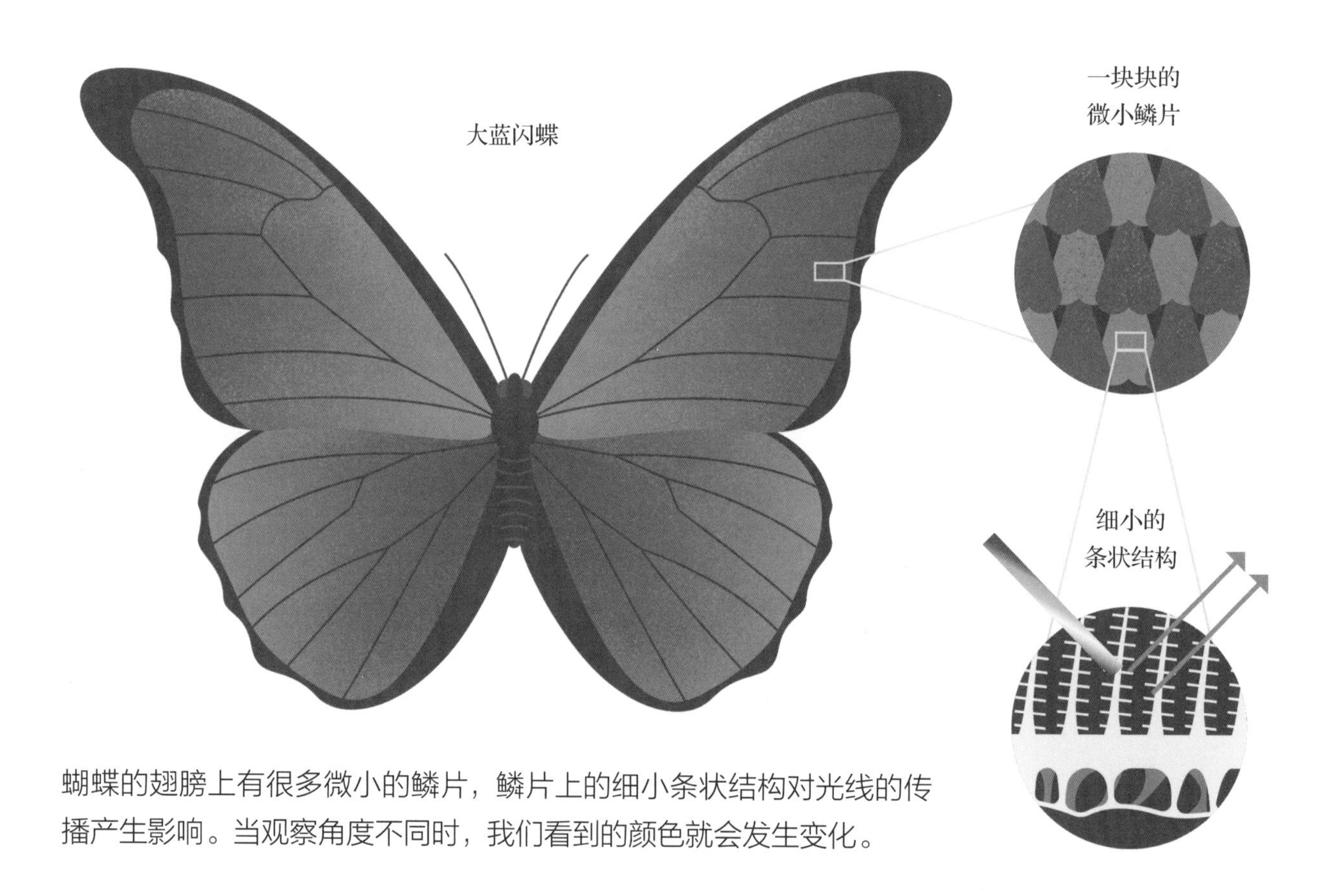

蝴蝶的翅膀上有很多微小的鳞片，鳞片上的细小条状结构对光线的传播产生影响。当观察角度不同时，我们看到的颜色就会发生变化。

大蓝闪蝶扇动翅膀，从不同的角度去观察，我们会看到，蝴蝶翅膀的颜色因结构色而发生变化。

金龟子等甲虫的翅膀上没有鳞片，却也有着带有金属光泽的绚丽色彩。

这是因为金龟子的翅膀具有多层薄膜结构，这种结构也会对光线的传播产生非常复杂的影响。所以它们的翅膀变换色彩也是因为结构色的原理。

日常生活中，透明的肥皂泡和水坑中的油污能够变换斑斓的色彩，也是结构色的原因。

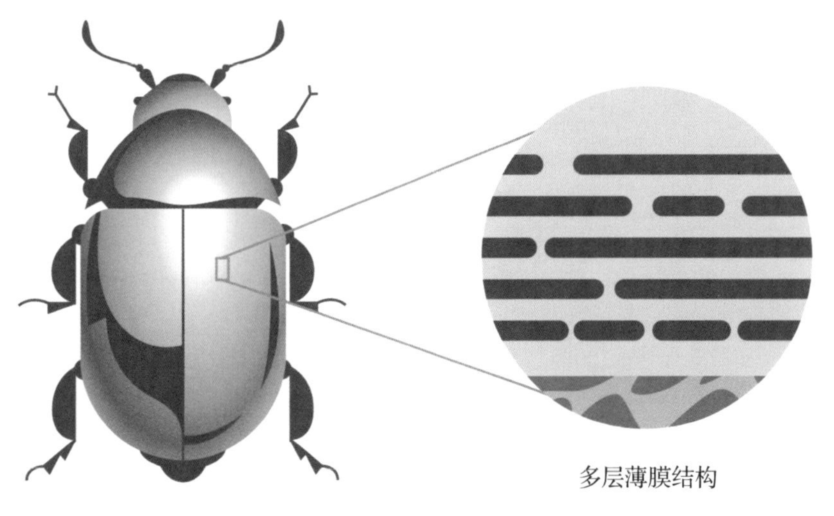

多层薄膜结构

金龟子

朱砂蛾利用翅膀的警戒色吓退小鸟。

翅膀还能这么用！

昆虫的翅膀不仅用来飞行，还有保护自己的功能。翅膀的花纹、斑点和形状，可以帮助昆虫躲避和对抗天敌。

吓退敌人的警戒色

一些蝴蝶和蛾，比如朱砂蛾的体内含有毒素，它们翅膀上的花纹仿佛在警告敌人："我有毒！不能吃！"这种有着威慑和警告作用的鲜艳色彩和斑纹称为**警戒色**。

躲避敌人的保护色

与警戒色不同，有些昆虫的颜色与周围的环境非常接近，这是为了避免它们被发现。这种颜色就是**保护色**。保护色不仅能够帮助昆虫躲避敌人，还可以让它们在捕食的时候不容易被猎物发现。

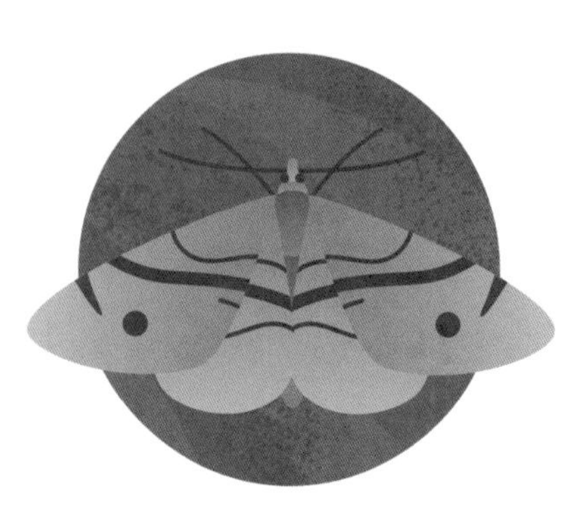

停在树干上的蛾的保护色

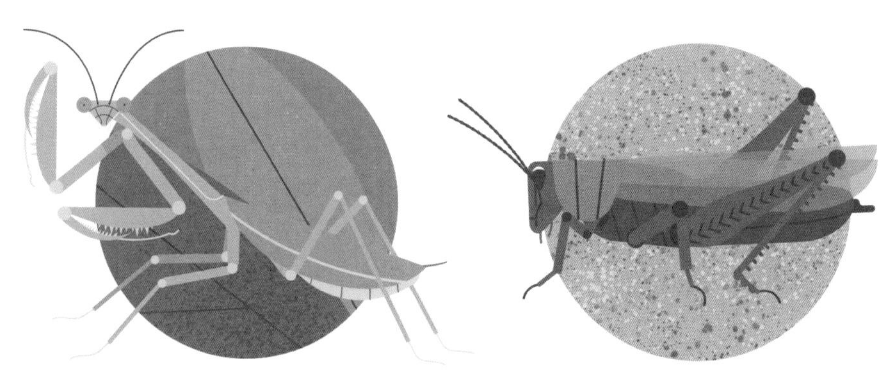

停在树叶上的螳螂的保护色

沙地上的蝗虫的保护色

迷惑敌人的拟态

还有一些昆虫可以模拟其他物种，这就是**拟态**。拟态能够有效地迷惑天敌，增强昆虫的生存能力。

枯叶蛱蝶翅膀背面如同枯叶一般。当它停在树枝上休息时，很难被捕食者发现。

很多蝴蝶和蛾的翅膀上有两块大大的黑斑，这是模拟大型动物的眼睛，起到恐吓捕食者的作用，美眼蛱蝶就是其中的佼佼者。

兰花螳螂可以全身模拟花。与保护色类似，它的拟态并不仅仅是为了躲避天敌，也可以迷惑猎物，从而以逸待劳地进行捕食。

竹节虫栖息在树枝上，身体就如同一段枯枝，让人难以发现。

昆虫的翅膀会唱歌?

很多昆虫都能发出声音。我们人类通过声带发声，昆虫是怎样发声的呢?

用翅膀唱歌的蟋蟀和蝈蝈

夏天快要结束的时候，在野外的草丛中或土堆旁，你有没有听到过蟋蟀和蝈蝈的叫声? 昆虫没有声带，它们是怎么发出声音的呢?

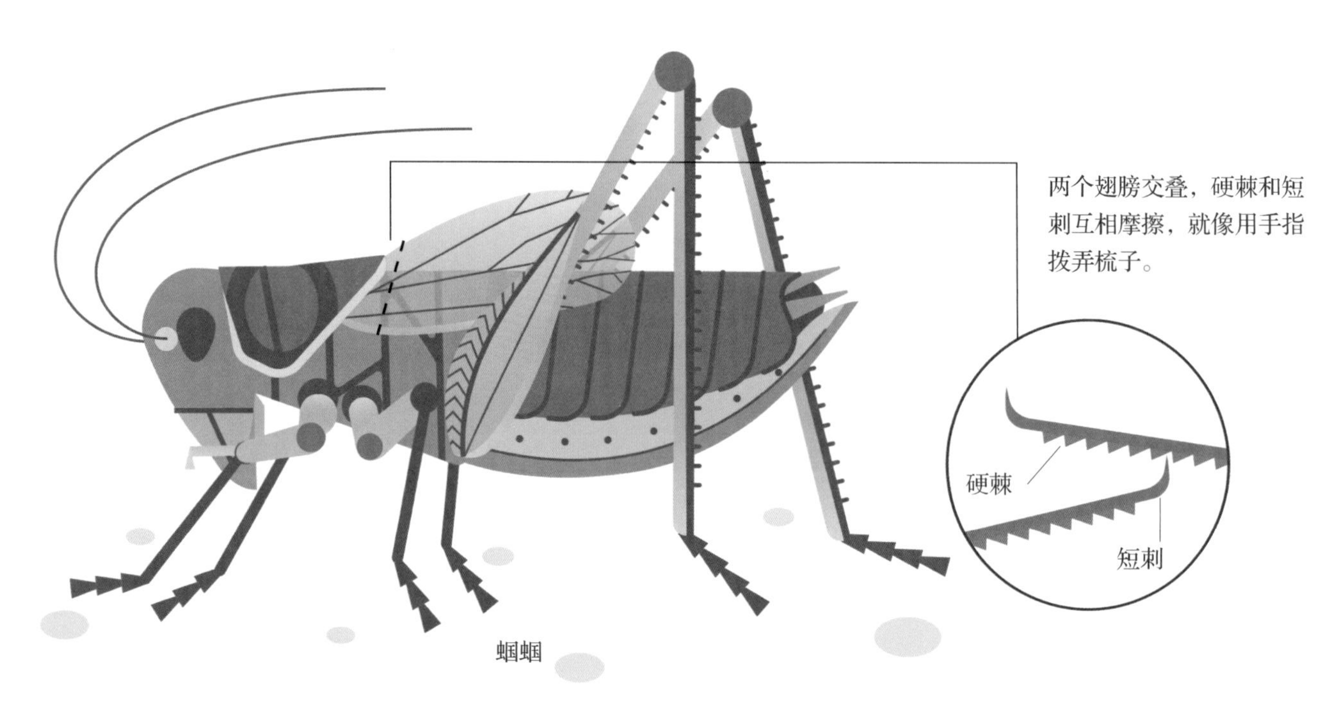

原来，蟋蟀和蝈蝈是依靠翅膀来发声的。它们的前翅根部有一根如同矬子的短刺，还有像刀刃一样的锯齿硬棘，当左右两翅相互摩擦时，短刺拨动硬棘，就可以发出悦耳的声响。

两只雄性蟋蟀在争夺地盘

马达加斯加发声蟑螂

利用气流发声的蟑螂

昆虫不只是用翅膀发声，还有其他的发声方式。非洲的马达加斯加岛上有一种蟑螂也能够发出声音。当受到惊吓时，它会发出咝咝的声音，这是体内气流急速通过腹部的气孔产生的。

振动鼓膜鸣叫的蝉

盛夏时节，蝉会在枝头声嘶力竭地叫个不停。与蟋蟀和蝈蝈不同，蝉不是通过摩擦翅膀发声的。雄蝉的腹部有一个发声器官，上面覆有一层鼓膜，当它振动鼓膜时就能发出响亮的声音。

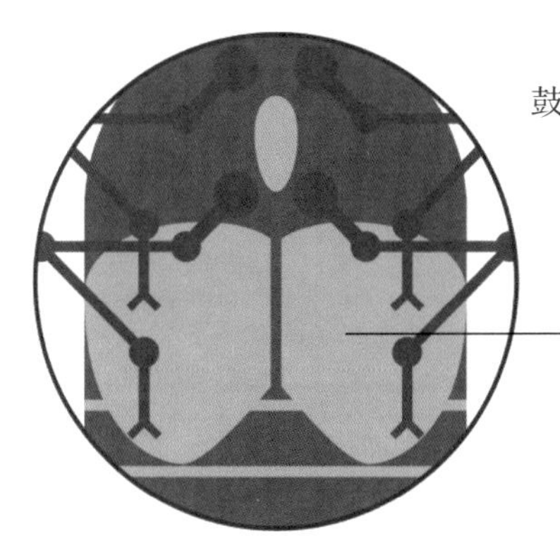

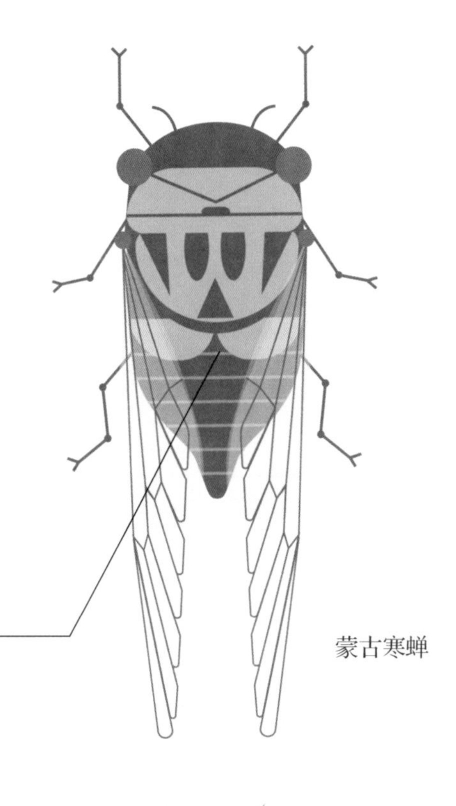
蒙古寒蝉

像铠甲一样的鞘翅

很多昆虫有着厚厚的壳，这些昆虫被称为甲虫。甲虫也有两对翅膀，只是一对前翅已经变得坚硬，看起来就像坚硬的铠甲一样。而另一对像薄膜一样的后翅经常掩藏在前翅下，不容易被发现。

坚硬的铠甲：前翅

当甲虫的前翅合拢时会覆盖在背上，此时，前翅就像剑鞘保护剑刃一样保护甲虫的后翅和身体，所以这种翅膀称为鞘翅。前翅非常坚硬，但是无法用于飞行。

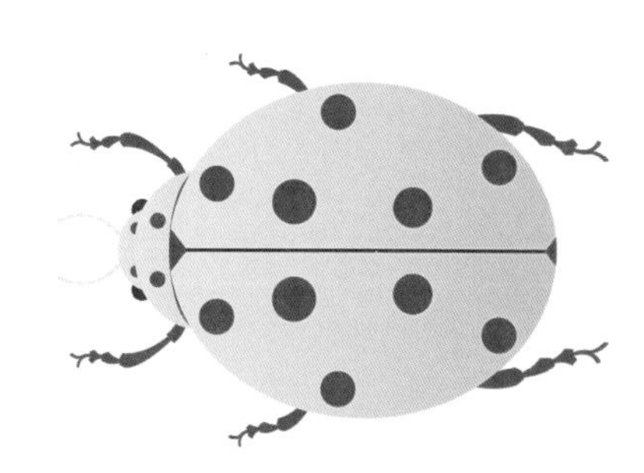

十星瓢虫

甲虫看似沉重的前翅边缘内部具有孔洞，厚度也不均匀，中间较薄，边缘处较厚。这些结构大大减轻了前翅的重量，有助于甲虫的飞行。

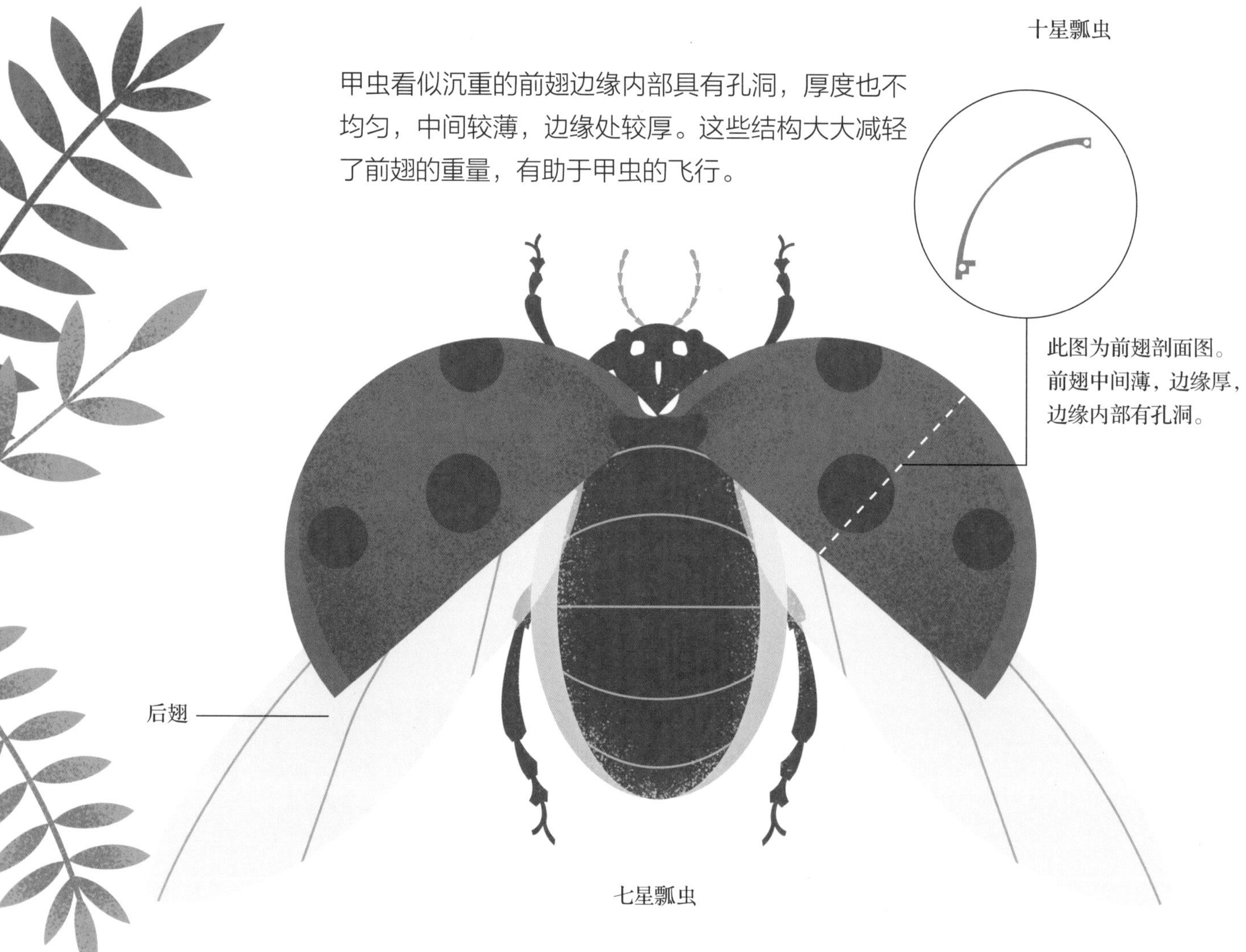

七星瓢虫

为了飞行：可折叠的后翅

甲虫的后翅像一层薄膜。在不飞行时，甲虫会将后翅折叠，隐藏在前翅下面。为了更好地折叠，后翅上有很多褶皱。甲虫的飞行主要依靠后翅。

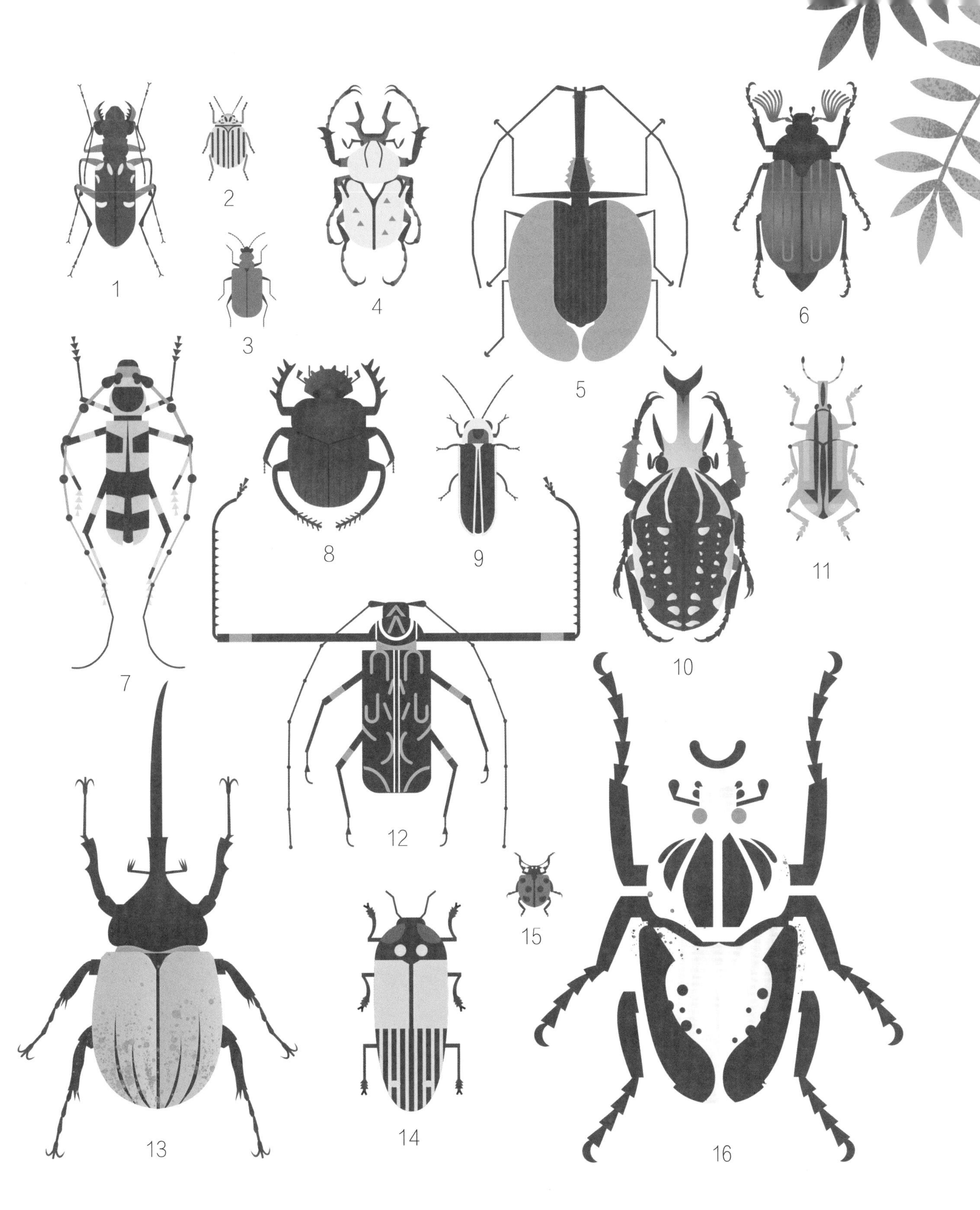

1. 蓝亮球胸虎甲
2. 科罗拉多金花虫
3. 百合负泥虫
4. 黄粉鹿花金龟
5. 琴步甲
6. 大栗鳃金龟
7. 蓝丽天牛
8. 蜣螂（qiāngláng）
9. 萤火虫
10. 花金龟
11. 象鼻虫
12. 长臂天牛
13. 长戟大兜虫
14. 吉丁虫
15. 七星瓢虫
16. 大角金龟

像锦缎一样的鳞翅

蝴蝶的翅膀非常漂亮。它们种类繁多，广泛分布于世界各地。很多蝴蝶只生活在特定的地区，例如我国的金斑喙凤蝶和中华虎凤蝶，巴西的大蓝闪蝶，以及澳大利亚的天堂凤蝶等。蝴蝶的两对翅膀都是由翅膜和鳞片组成的。鳞片覆盖在翅膜上。翅膜好像一层薄膜，鳞片像鱼鳞一样。

当我们触碰蝴蝶的翅膀，会掉落类似粉尘的东西，那就是鳞片。所以蝴蝶的这种翅膀称为鳞翅。

蛾与蝴蝶是近亲，但生活习性差别很大。

蝴蝶

蝴蝶主要在白天活动，我们见到蝴蝶的机会比较多，但其实蛾的种类远远多于蝴蝶。

●蝴蝶的触角一般都是棒状，中间细长，末端膨大。

●不飞行的时候，蝴蝶的翅膀合拢竖立在背上。

●蝴蝶翅膀的颜色比较鲜艳，能够起到警戒色的作用，也能够和同伴进行交流。

蛾

蛾大多出没于夜间，但又喜欢向着有光的地方飞行。

●蛾的触角形状丰富得多，主要呈丝状、梳子状、羽毛状。

●当蛾停止飞行的时候，它的翅膀会展开，平放于两侧。

●大部分蛾的翅膀都是偏灰、黄等相对暗淡的颜色，这有助于它们融入周围的环境中，起到保护色的作用。

像薄纱一样的膜翅

蜜蜂、蜻蜓和蚊子等昆虫的翅膀都是近乎透明的。它们既不像甲虫坚硬的鞘翅，可以保护自身；又不像蝴蝶漂亮的鳞翅，可以吓退天敌。那么，这些薄薄的翅膀上有什么奥秘呢？

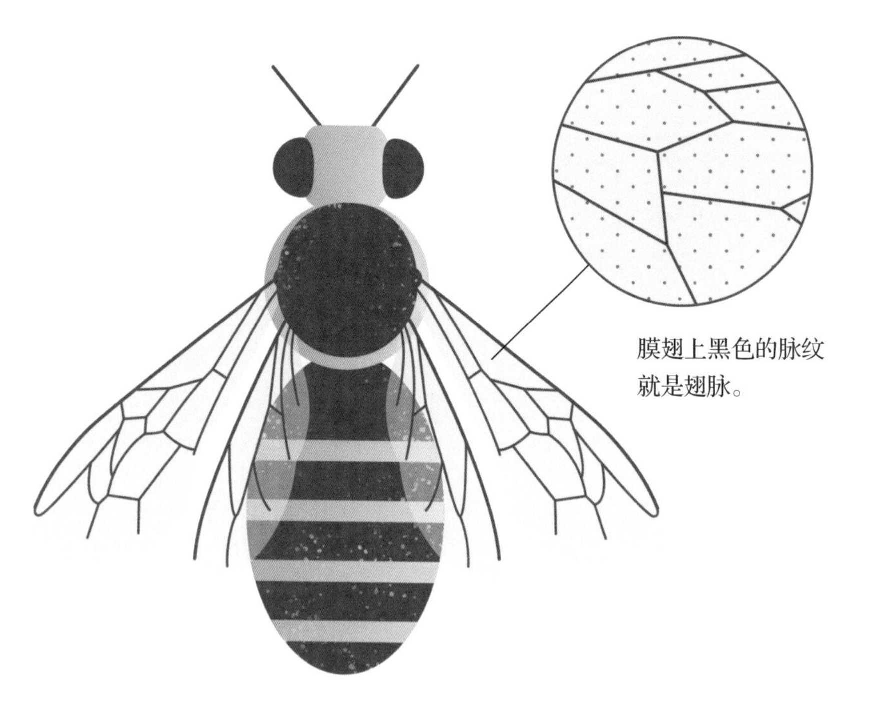

膜翅的巧妙结构

这些翅膀薄得像一层保鲜膜，所以被称为膜翅。

膜翅虽然轻薄，却结构巧妙：纵横交错的翅脉将膜翅分割成多个小块，每一块里都有半透明的翅膜。这样的结构可以减轻翅膀的重量，也让翅膀不容易折断。

膜翅可以防水

昆虫的翅膜极薄，一般厚度只有几微米，不到一张普通打印纸厚度的十分之一。如此轻薄的翅膜表面分布着柱状结构，这种结构让水滴不容易在翅膜上停留，能够避免被雨滴打湿翅膀而无法飞行。

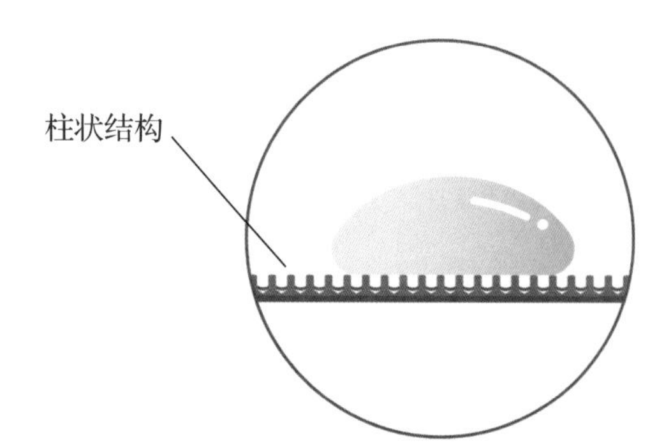

其他有膜翅的昆虫

很多昆虫都有膜翅，比如蜻蜓和豆娘。还有前面讲过的甲虫，它的后翅也是膜翅。

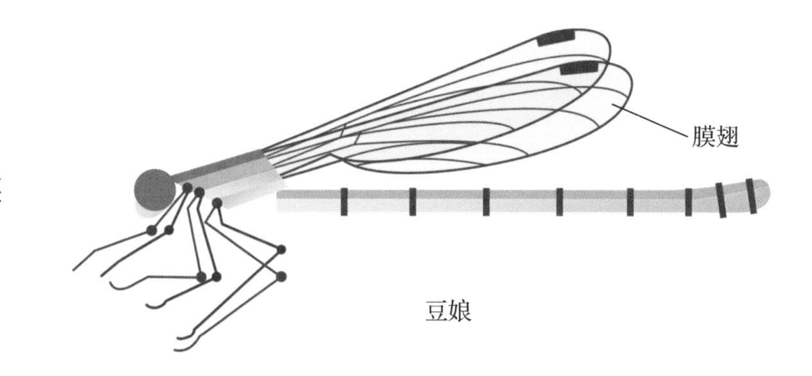

蜜蜂独有的翅钩

蜜蜂前后两对翅膀都是膜翅。比较特别的是，蜜蜂的前后翅之间是通过像钩子一样的翅钩连接起来的，这样在飞行的时候可以保持一致的动作。

蜜蜂十分勤劳，它们在家族中有着明确的工作分工，是一种社会性昆虫。工蜂每天在花丛中忙着采蜜。当它们发现新的蜜源时，会跳特殊的舞蹈告诉伙伴们蜜源的位置，还会振动翅膀发出不同的声音告诉同伴更多消息。

像皮衣一样的革翅

还有一类昆虫叫作蠼螋。它们的前翅质地厚实，好像皮革一样，所以被称为革翅。虽然蠼螋有翅膀，但飞行能力其实很差，它们主要在地面上活动。白天，蠼螋会躲在土壤、落叶或者石块的缝隙中，直到晚上才出来活动。所以，我们很少见到这种外形奇特的昆虫。

找找看，图中有几只蠼螋？

蠼螋的形态

蠼螋不仅有革翅还有尾铗。

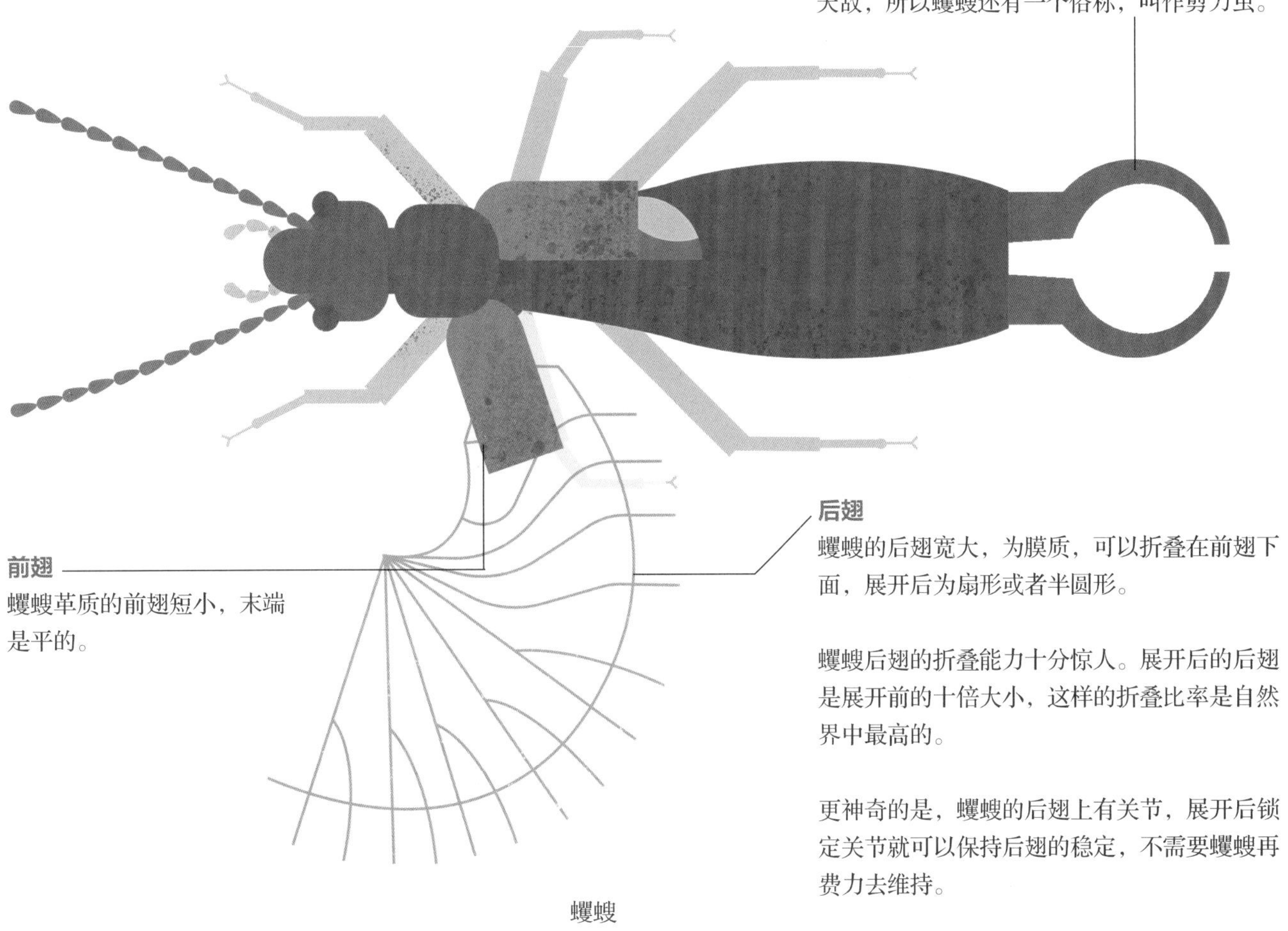

蠼螋

其他有革翅的昆虫

有革质翅膀的昆虫还有很多。

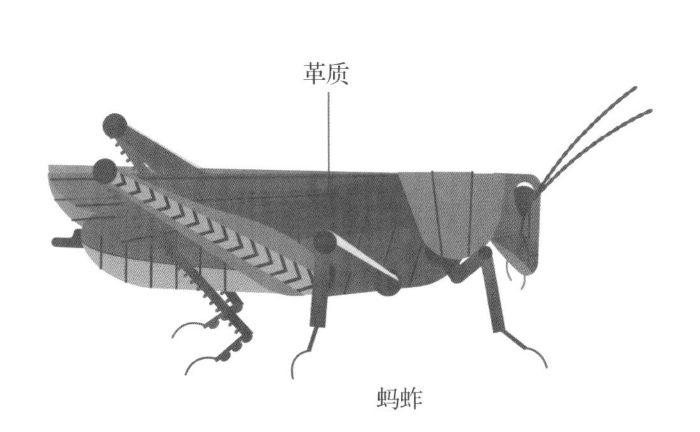

蚂蚱

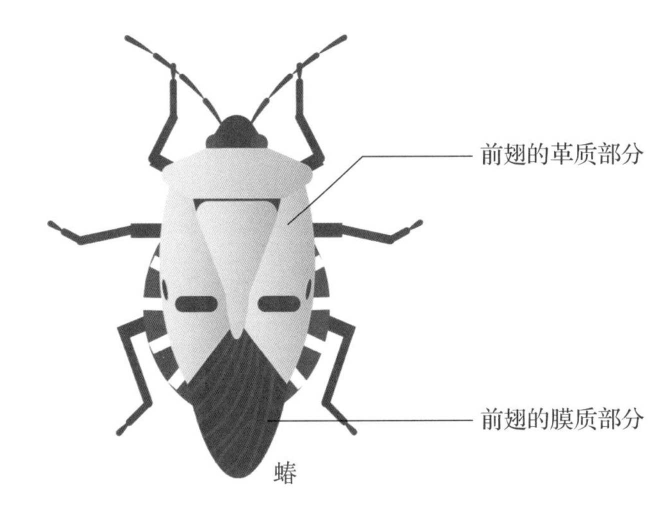

蝽

蝗虫、蚂蚱和蟋蟀等昆虫的前翅也是革质的，不过它们的革翅比蠼螋的更长，翅脉笔直。

蝽的前翅靠近身体的部分为革质，并会逐渐过渡为膜质，后翅则完全为膜质，收在前翅下。

翅膀少也能飞得快

绝大多数昆虫都有两对翅膀，但也有昆虫只有一对翅膀，那就是我们常常能见到的苍蝇和蚊子。

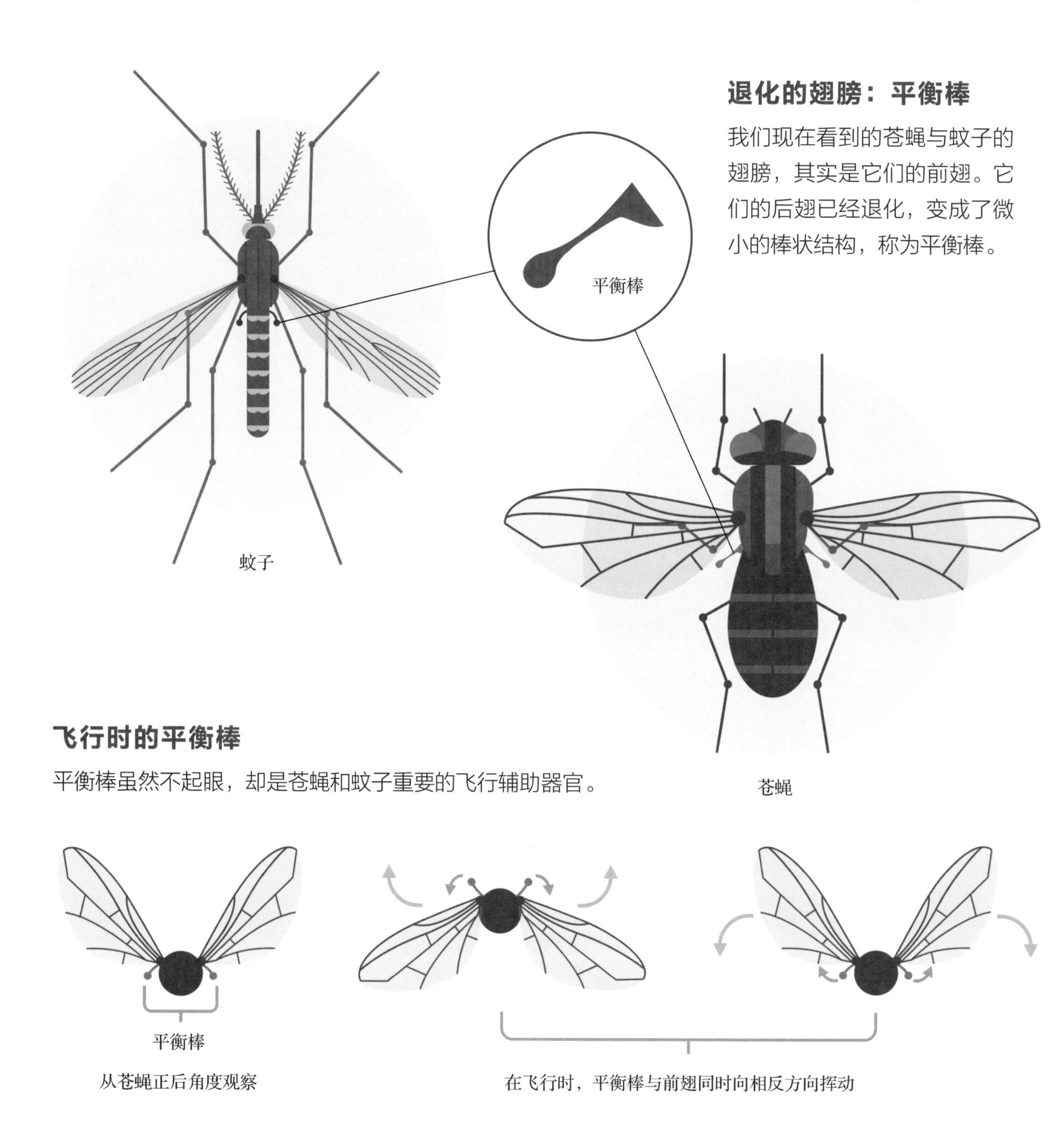

退化的翅膀：平衡棒

我们现在看到的苍蝇与蚊子的翅膀，其实是它们的前翅。它们的后翅已经退化，变成了微小的棒状结构，称为平衡棒。

飞行时的平衡棒

平衡棒虽然不起眼，却是苍蝇和蚊子重要的飞行辅助器官。

苍蝇在空中飞行时，平衡棒与前翅同时向相反的方向挥动。当苍蝇飞行的方向发生改变时，这种规律的挥动状态就会发生改变。平衡棒会将状态改变的信息传到苍蝇的大脑。此时大脑就会发出指令，修正飞行的方向，以保证身体的平衡和飞行的稳定。

在日常生活中，我们很难打中苍蝇和蚊子，这也与平衡棒有关。当遇到危险时，平衡棒可以帮助苍蝇和蚊子迅速做出反应，选择合适的逃生路线。在急速飞行时，它们还能通过平衡棒随时改变飞行方向，及时躲避任何方向的袭击。

苍蝇的额外优势

苍蝇比蚊子更敏捷。这是因为，苍蝇具有发达的复眼，能够全方位地观察周围环境。此外，在苍蝇的胸口上还有两个鼓室，使它能够快速辨别声音方向和速度，从而立即做出反应。

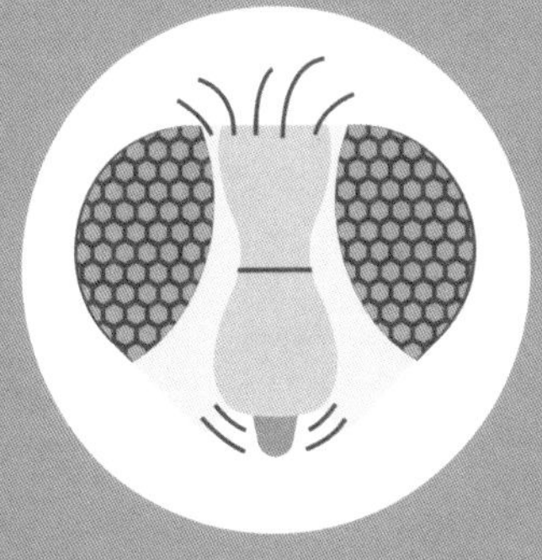

长翅膀，还是不长？

你知道吗？一些昆虫会因生活环境不同，生出的后代有的有翅膀，有的则没有翅膀。蚜虫就是其中比较典型的一类。

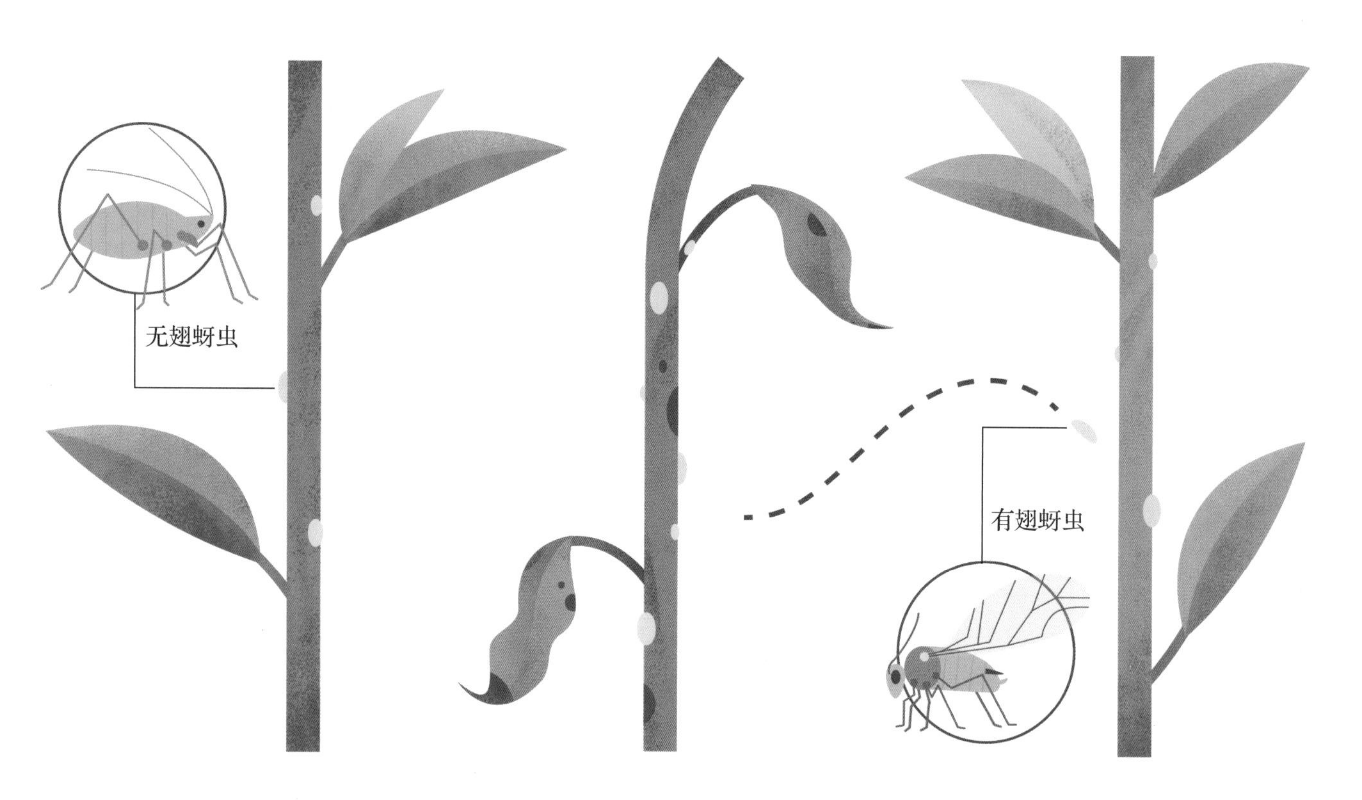

❶ 一般蚜虫是没有翅膀的，它们只定居在一棵植物上，靠吸食植物的汁液生存。

❷ 但当这棵植物上的蚜虫过多或者植物快要死去时，雌性蚜虫就会生出具有翅膀的后代。

❸ 这些后代会借助风力飞到其他植物上，建立新的家园。

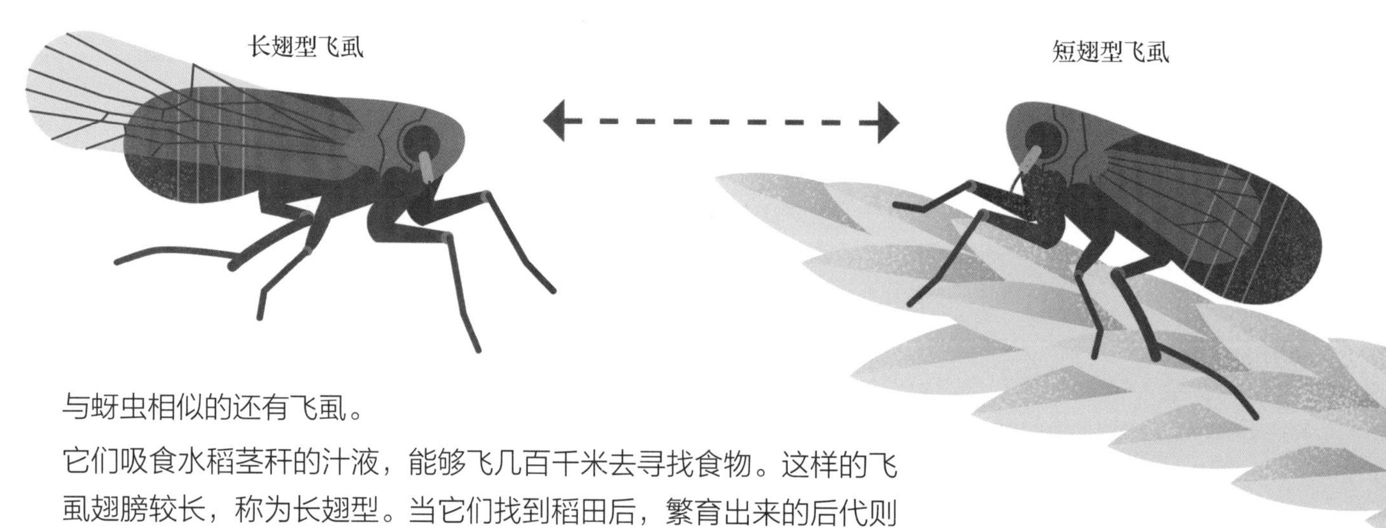

与蚜虫相似的还有飞虱。

它们吸食水稻茎秆的汁液，能够飞几百千米去寻找食物。这样的飞虱翅膀较长，称为长翅型。当它们找到稻田后，繁育出来的后代则是短翅型。因为这些后代一出生就有食物，不需要再长途飞行。
当食物开始短缺时，短翅型飞虱又会繁育出长翅型的后代，去寻找新的栖息地。

在蚂蚁家族中，不负责繁衍后代的蚂蚁没有翅膀，也不会飞。

没有翅膀的昆虫

绝大部分昆虫都能够飞行，但也有一些完全不会飞的昆虫，是因为它们没有翅膀。

一些比较原始的昆虫并没有进化出翅膀，却也有少数种类一直存活到现在，如衣鱼等。衣鱼一般栖息在旧书中。

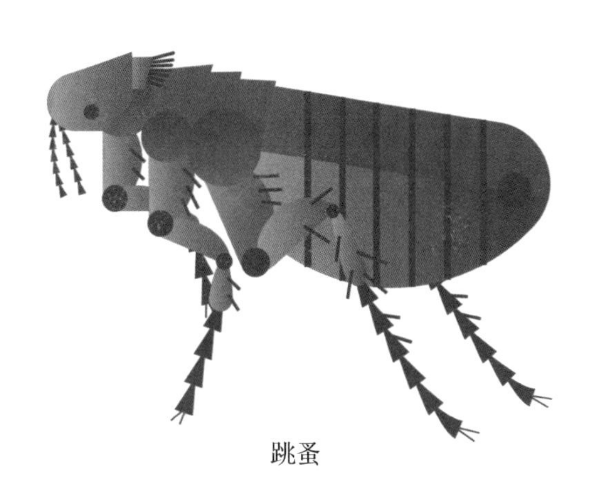

还有一些昆虫，曾经也有翅膀，但由于生活方式发生了变化，翅膀逐渐退化，甚至消失。跳蚤、臭虫等寄生性的昆虫，它们的翅膀退化得最为明显。

翅膀怎么不见了？

翅膀对昆虫非常重要，它可以让昆虫更好地适应环境，长期生存下去。比如，大部分白蚁是没有翅膀的，只有蚁王和蚁后有翅膀，这是为了延续族群的需要，但它们的翅膀不是一直存在的。

和蚂蚁、蜜蜂一样，白蚁也是社会性动物。白蚁家族一般包含蚁王、蚁后、工蚁和兵蚁等品级，各品级间分工明确。按是否繁殖，白蚁还可分为繁殖型与非繁殖型。

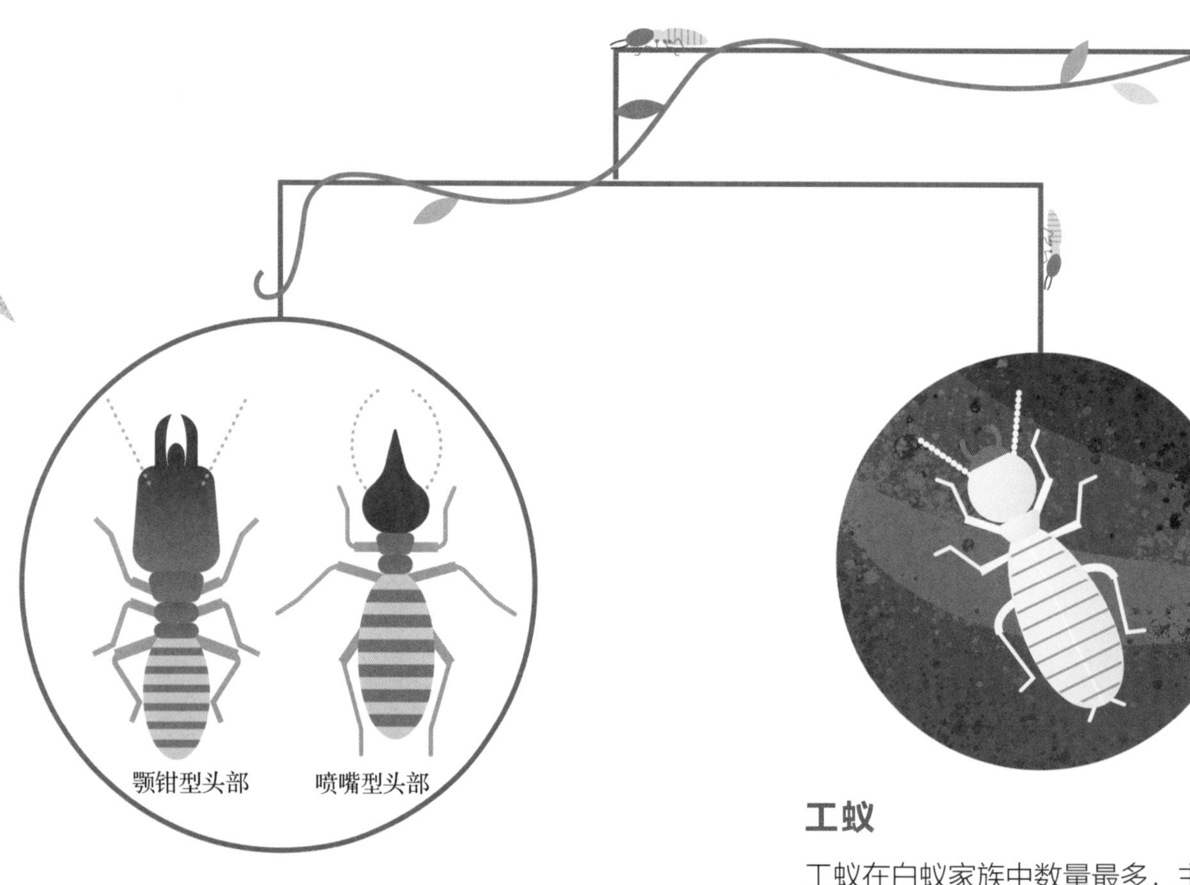

工蚁

工蚁在白蚁家族中数量最多，主要负责寻找食物、养育幼蚁等劳动。

兵蚁

兵蚁是家族的保卫者，它们长得不完全一样，有的头部颚钳很大，有的头部延伸出像角一样的喷嘴。

白蚁家族

非繁殖型

工蚁、兵蚁等不能繁殖的白蚁是家族的劳动者与保卫者。

繁殖型

蚁王和蚁后的任务就是繁衍新的家族成员。

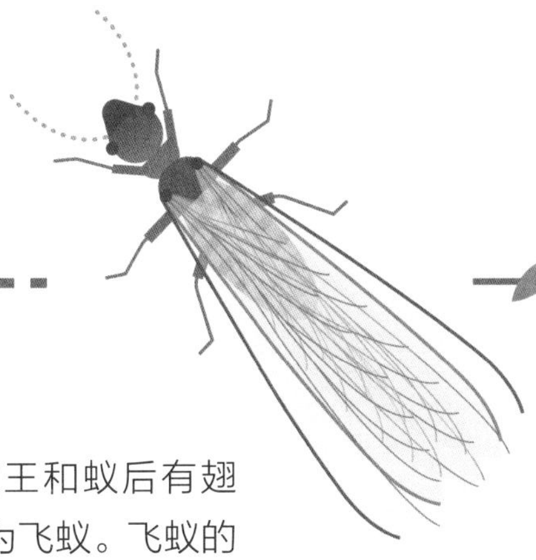

飞蚁

白蚁家族中只有蚁王和蚁后有翅膀，所以它们又称为飞蚁。飞蚁的两对翅膀狭长，大小和形状都基本相同。

婚飞

每年的春夏时期，蚁王和蚁后就会从蚁巢中飞出，自由地选择伴侣，这种现象称为婚飞。

失去翅膀

当蚁王和蚁后选择完伴侣后，会落到地面上，寻找合适的场所，建立新的家族。它们的翅膀经过这次飞翔后会自行脱落。

蚁后

蚁王

雌虫雄虫谁更美?

在大自然中，雌性与雄性常常长得不一样，这叫作雌雄两态。比如雄狮有着长长的鬃毛，而雌狮却没有。昆虫中也存在这种现象，比如一些昆虫，雌性和雄性的翅膀有着明显的区别。

有很多蝴蝶雄性和雌性的翅膀色彩是不同的，常让我们误以为它们是不同的种类。比如，亚历山大鸟翼凤蝶是世界上体形最大的蝴蝶，其中雌蝶的翅膀比雄蝶的更大，但雄蝶的翅膀色彩更鲜艳。

亚历山大鸟翼凤蝶

蝴蝶翅膀颜色不同，主要是帮助雌蝶认出雄蝶。雄性巴黎翠凤蝶的后翅上有一个非常明显的翠绿色斑块，这是方便雌性蝴蝶辨认的重要标志，对于它们的繁衍至关重要。

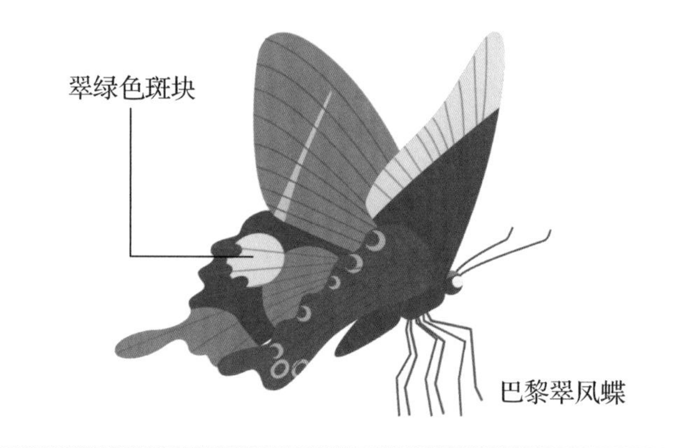

巴黎翠凤蝶

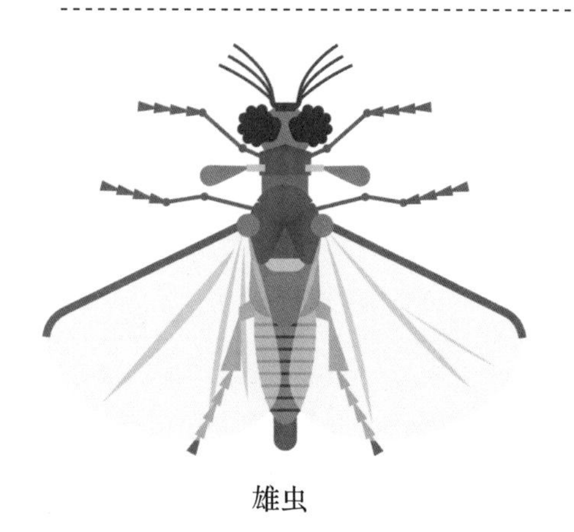

雄虫

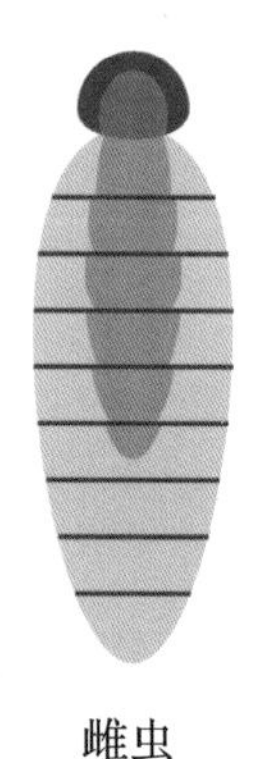

雌虫

捻翅虫

捻翅虫的雌虫和雄虫差别巨大。捻翅虫从小寄生在其他昆虫体内，等它们成年后，雄虫会长出翅膀，从寄主昆虫体内钻出，自由生活；而雌虫一直没有翅膀，终生不能离开寄主昆虫。

此外，一些昆虫的雌虫，翅膀已经退化。

比如山窗萤是一种常见的萤火虫。雌性山窗萤的翅膀已经完全退化，不能飞行了，不过它们的尾部依然可以发光。因此在夜空中，我们看到的漫天飞舞的萤火虫都是雄虫，只有藏在草丛中的萤火虫，才可能是雌虫。

昆虫可以飞多快？

昆虫具有高超的飞行技巧。它们靠不停拍打翅膀保持飞行，通过控制翅膀的角度调整飞行的方向。飞行让昆虫的踪迹遍布全球。关于昆虫的飞行，还有哪些有意思的事呢？

昆虫可以飞多快？

昆虫的飞行速度差别大，飞行速度最快的是澳大利亚晏蜓，它们的最高速度能够达到 58 千米 / 时。而飞得较慢的苍蝇一小时仅能飞行 8 千米左右。一般来说，凤蝶与蜜蜂一小时能够飞行 20 千米左右；而一辆在高速公路上飞驰的汽车，一小时差不多能跑 100 千米。

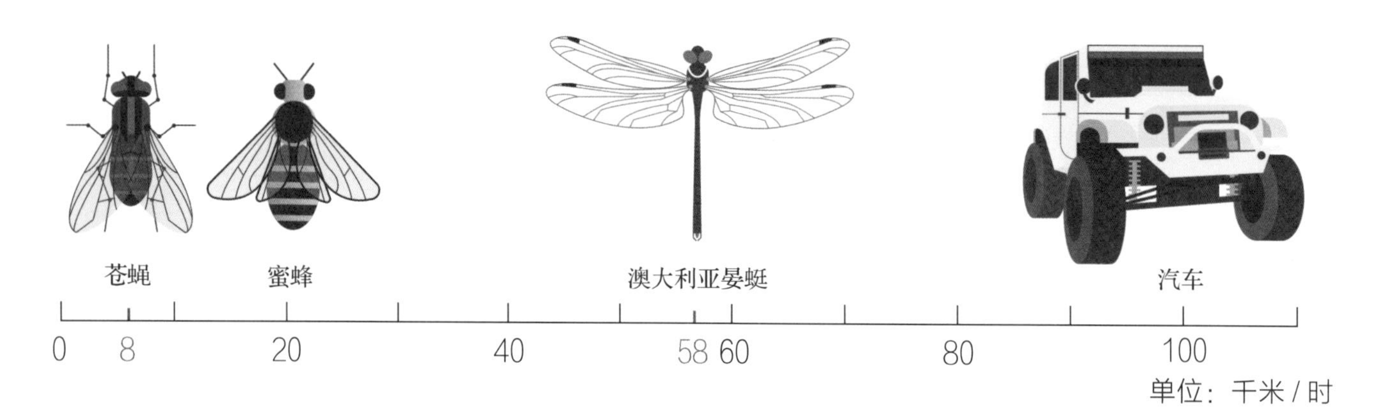

昆虫振动翅膀有多快？

昆虫飞行时，每秒钟扇动翅膀的次数非常多，这让许多鸟都望尘莫及。

凤蝶　每秒 5~9 次

蜜蜂　每秒 230 次左右

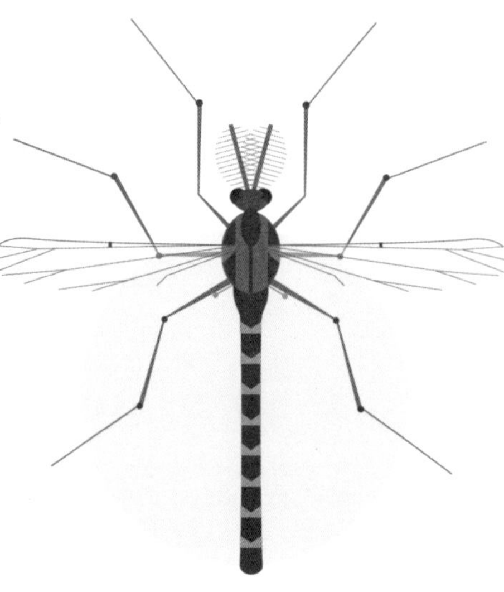
摇蚊　每秒 1000 次左右

翅膀上隐藏的奥秘

蜻蜓和蜜蜂一样，都有两对膜翅。除了翅脉与翅膜的组合可以减轻翅膀重量外，这两对膜翅还有什么神奇之处呢？

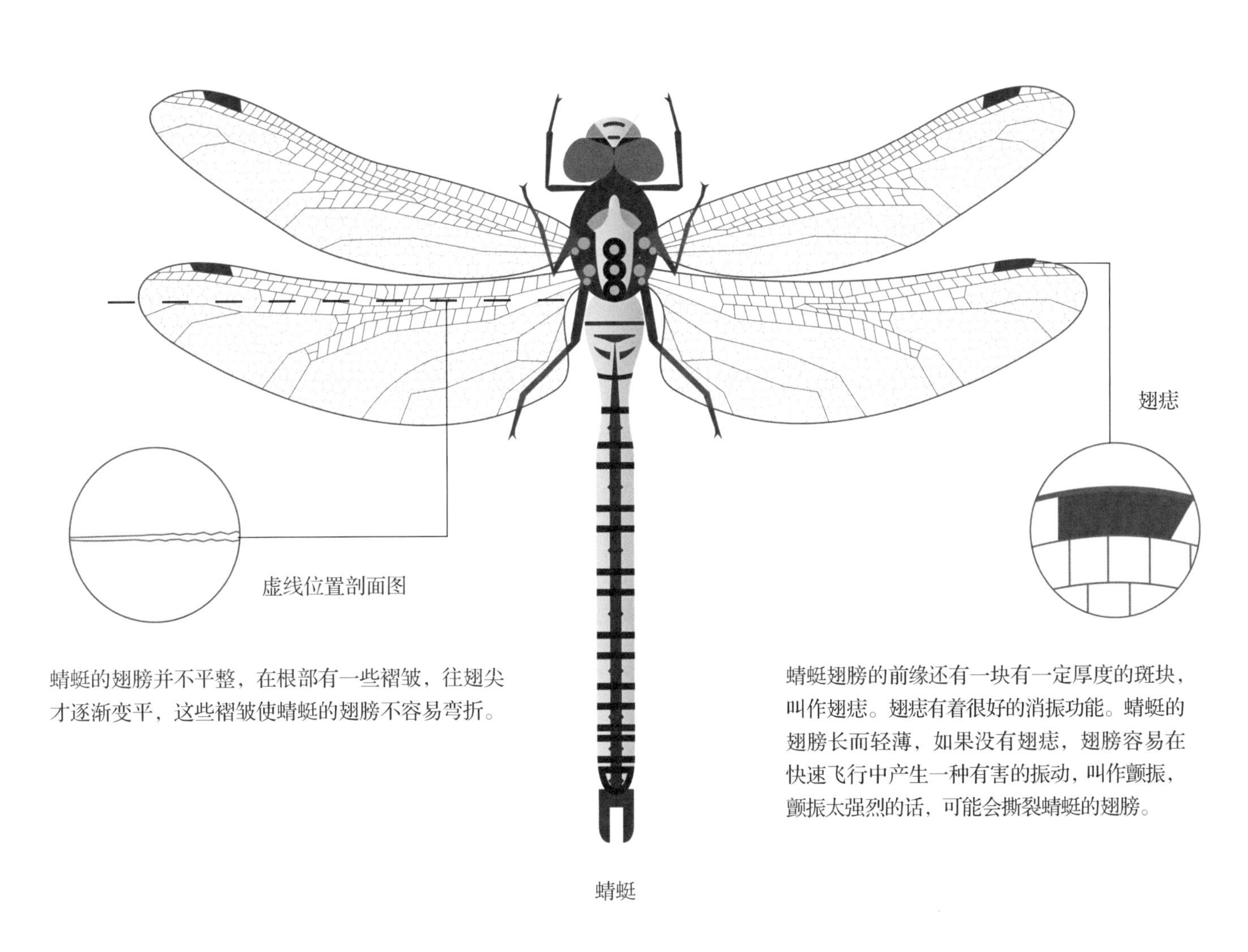

蜻蜓的翅膀并不平整，在根部有一些褶皱，往翅尖才逐渐变平，这些褶皱使蜻蜓的翅膀不容易弯折。

蜻蜓翅膀的前缘还有一块有一定厚度的斑块，叫作翅痣。翅痣有着很好的消振功能。蜻蜓的翅膀长而轻薄，如果没有翅痣，翅膀容易在快速飞行中产生一种有害的振动，叫作颤振，颤振太强烈的话，可能会撕裂蜻蜓的翅膀。

昆虫可以飞多远？

当食物不足时，蝗虫就会成群结队地飞到其他地方寻找食物，常常要飞几百千米。

翅膀带来的启发

大自然是人类灵感的源泉。昆虫翅膀的种种奇妙之处，也给人们的科学研究与艺术创作不断带来启发。

蜻蜓翅痣的启发：平衡重锤

早年的飞机在飞行过程中，机翼偶尔会因为振动而断裂，造成事故，这个问题一直困扰着当时的工程师。最终人们在蜻蜓的翅膀上获得了灵感。

蜻蜓的翅痣能够控制翅膀的不稳定振动，于是人们在机翼内部也增加了类似翅痣的平衡重锤，解决了机翼断裂的问题。

苍蝇平衡棒的启发：振动陀螺仪

苍蝇的平衡棒相当于它的导航仪，科学家根据平衡棒的原理发明了振动陀螺仪，在飞机、舰艇及火箭上都有应用。当航道发生偏移时，陀螺仪就能检测出来，并将转向信号传输给转向舵，进行航向矫正。

蝉翼的启发：不粘锅

蝉的膜翅和蜜蜂类似，表面规则地排列着很小的柱状结构。科学家认为这些柱状结构能够吸附空气，减少水滴与翅膀的接触，从而使翅膀具备超疏水和自清洁的能力。不粘锅正是利用了这个原理，产生不粘的效果。

甲虫鞘翅的启发：丝翅展亭

伦敦的维多利亚与阿尔伯特博物馆曾展出过一个名为丝翅展亭(Elytra Filament Pavilion)的建筑物，它的设计灵感来源于甲虫翅膀上的纤维结构。甲虫的鞘翅看似笨重，其实非常轻便结实。因此该建筑物虽然占地 200 多平方米，但重量还不到 2.5 吨，比一头大象还要轻。

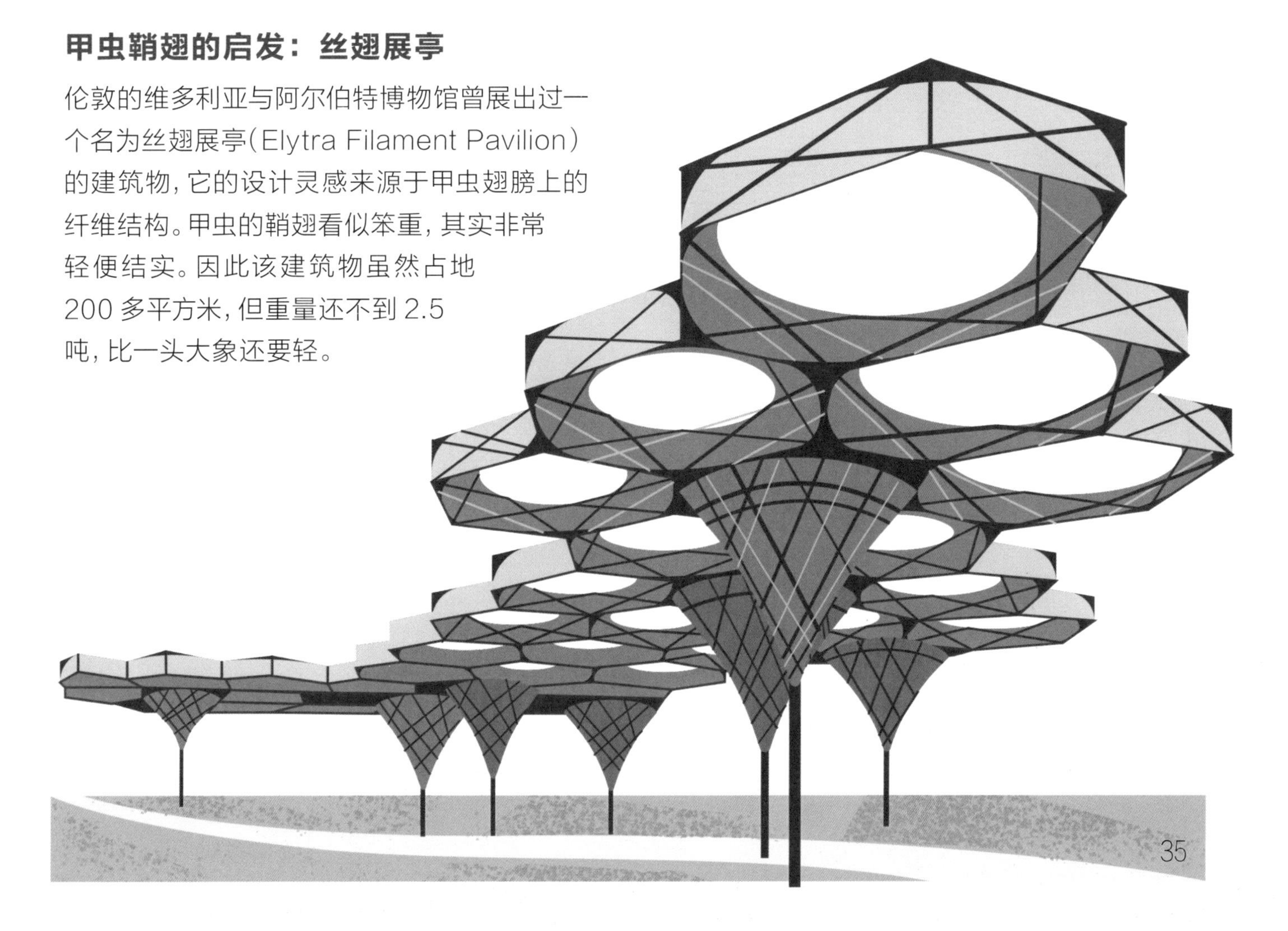

一起来保护昆虫吧

虽然昆虫的种族庞大，但也有即将灭绝的濒危物种。你可能会想：昆虫繁殖能力强、生长速度快，怎么还会灭绝呢？威胁昆虫生存的因素有很多。

栖息地遭到破坏

昆虫生活的地方就是它们的栖息地。人类活动会对昆虫的栖息地造成破坏。

圣赫勒拿蠼螋曾经生活在南大西洋圣赫勒拿岛上的石头下面。但人们建造房屋用掉了很多石头。不仅如此，老鼠等动物也和人们一起来到了圣赫勒拿蠼螋的栖息地，并对圣赫勒拿蠼螋进行捕食。最终，这种蠼螋遭受了灭顶之灾。2014 年，世界自然保护联盟（IUCN）正式宣布圣赫勒拿蠼螋灭绝。

共同灭绝的危机

由于其他动植物减少，某种昆虫也有灭绝的危险。

中华虎凤蝶的幼虫只以杜衡的叶子为食，然而杜衡作为一味中药被人们过度采摘，因此，连带着中华虎凤蝶也变成了昆虫中的“国宝”。

外来物种入侵

外来物种的引入也会破坏原本的生态环境。

曾经，中国本土分布最广的蜜蜂是中华蜜蜂。19 世纪末，意大利蜜蜂等西方蜜蜂被引入中国，给中华蜜蜂的生存带来了极大的威胁。现在，只剩少数山区还有野生中华蜜蜂。

保护昆虫，最重要的就是保护它们的栖息地。只要昆虫的栖息地还在，它们就可以坚强地活下去。这需要我们共同的努力。

好听的名字

这里整理出了书中出现的昆虫的名字，你知道它们的拉丁文学名和英文名吗？

中文名称	拉丁文学名	英文名称
大栗鳃金龟	*Melolontha melolontha*	May beetle
翡翠豆娘	*Lestes sponsa*	Emerald damselfly
荨麻蛱蝶	*Aglais urticae*	Small tortoiseshell
蓝丽天牛	*Rosalia alpina*	Alpine longhorn beetle
金凤蝶	*Papilio machaon*	Common yellow swallowtail
陈氏竹节虫	*Phobaeticus chani*	Chan's megastick
蠼螋	*Labidura riparia*	Striped earwig
大角金龟	*Goliathus regius*	Royal Goliath beetle
日落蛾	*Chrysiridia rhipheus*	Madagascan sunset moth
东非舌蝇	*Glossina morsitans*	Tsetse fly
周期蝉	*Magicicada septendecim*	Periodical cicadas
北美蚁蜂	*Dasymutilla occidentalis*	Red velvet ant
月形天蚕蛾	*Actias luna*	Luna moth
黑彩带蜂	*Nomia melanderi*	Alkali bee
琴步甲	*Mormolyce phyllodes*	Violin beetle
长戟大兜虫	*Dynastes hercules*	Hercules beetle
亚历山大鸟翼凤蝶	*Ornithoptera alexandrae*	Queen Alexandra's birdwing
长臂天牛	*Acrocinus longimanus*	Harlequin beetle
光明女神闪蝶	*Morpho helena*	Helena morpho
中华大刀螳	*Tenodera sinensis*	Chinese mantis
君主斑蝶	*Danaus plexippus*	Monarch butterfly
黄蜻	*Pantala flarescens*	Wandering glider
大蓝闪蝶	*Morpho menelaus*	Menelaus blue morpho
蝽（科）	Pentatomidae	Stink bugs
金龟子（科）	Scarabaeidae	Scarab beetles
朱砂蛾	*Tyria jacobaeae*	Cinnabar moth
夜蛾（科）	Noctuidae	Owlet moths
螳（科）	Mantidae	Praying mantises
飞蝗	*Locusta migratoria*	Migratory locust
枯叶蛱蝶	*Kallima inachus*	Orange oakleaf
美眼蛱蝶	*Junonia almana*	Peacock pansy
竹节虫（目）	Phasmatodea	Stick insects
兰花螳螂	*Hymenopus coronatus*	Orchidmantis

中文名称	拉丁文学名	英文名称
蟋蟀（科）	Gryllidae	Cricket
螽斯 *（科）	Tettigoniidaei	Katydids
马达加斯加发声蟑螂	*Gromphadorhina portentosa*	Madagascar hissing cockroach
蒙古寒蝉	*Meimuna mongolica*	/
十星瓢虫	*Adalia decempunctata*	Ten-spot ladybird
七星瓢虫	*Coccinella septempunctata*	Seven-spot ladybird
蓝亮球胸虎甲	*Therates fruhstorferi*	/
科罗拉多金花虫	*Leptinotarsa decemlineata*	Colorado potato beetle
百合负泥虫	*Lilioceris lilii*	Scarlet lily beetle
黄粉鹿花金龟	*Dicranocephalus wallichi*	/
蜣螂（科）	Scarabaeoinae	Dung beetles
萤火虫（科）	Lampyridae	Firefly
花金龟（亚科）	Cetoniinae	Flower chafers
象鼻虫（科）	Curculionidae	Weevils
吉丁虫（科）	Buprestidae	Jewel beetles
中华虎凤蝶	*Luehdorfia chinensis*	Chinese luehdorfia
梨豹蠹蛾	*Zeuzera pyrina*	Leopard moth
栗六点天蛾	*Marumba sperchius*	/
蜜蜂（科）	Apoidae	/
蚊（科）	Culicidae	Mosquito
蝇（科）	Muscidae	House flies
蚜虫（总科）	Aphidoidea	Aphids
飞虱（科）	Delphacidae	/
衣鱼	*Lepisma saccharina*	Silverfish
蚁（科）	Formicidae	Ant
跳蚤（目）	Siphonaptera	Flea
白蚁（科）	Termitidae	Termite
巴黎翠凤蝶	*Papilio paris*	Paris peacock
捻翅虫（目）	Strepsiptera	Twisted-wing insects
山窗萤	*Lychnuris praetexta*	/
澳大利亚晏蜓	*Austrophlebia costalis*	Southern giant darner
凤蝶（科）	Papilionidae	Swallowtail butterfly
摇蚊（科）	Chironomidae	Non-biting midges

* 螽斯俗称蝈蝈